과학을
보다 2
BODA

김범준, 김응빈, 우주먼지(지웅배) 그리고 정영진 지음

알파미디어

들어가며

“좋은 질문입니다”

유튜브 〈과학을 보다〉에 출연하면서 나는 의도치 않게 유행어 아닌 유행어를 만들었다. 바로 “좋은 질문입니다”라는 말이다. 거의 매번 누군가 질문을 해오면, 늘 “좋은 질문입니다”라는 말로 나는 답변을 시작한다. 이런 나를 보고 가끔 다른 출연자분들이 그냥 기계적으로 반응한다고 놀릴 때도 있다. 또 가끔은 질문마다 칭찬하는 내 진심을 의심하면서 거친 댓글을 다는 과격한 사람들도 있다. 하지만 나는 결백하다. 정말 좋은 질문이라고 생각해서 그렇게 말하는 것뿐이다.

나는 대학생 때부터 나름 ‘과학의 대중화’에 관심이 많아서 다양한 활동을 시도해왔다. 아마 어렸을 적 천문학자라는 장래희망을 품게 해준 내 인생의 첫 롤모델이 만화영화 〈은하철도 999〉 속의 차장님 캐릭터였기 때문은 아닐까 생각한다. 이 캐릭터는 은하철도를 몰고 승객들에게 우주를 안내하는 ‘우주 가이드’다.

그 역할이 너무나 멋져 보였다. 어른이 되면 사람들에게 우주의 아름다움을 직접 들려주는 우주 가이드가 되고 싶었다. 물론 현실 세계에는 은하계를 누비는 은하철도가 존재하지는 않는다. 그나마 은하철도 차장님과 가장 비슷하게 우주 가이드 역할을 할 수 있는 건 남들보다 더 깊게 우주를 연구하고 내가 공부한 우주에 대해서 맛깔나게 이야기를 들려주는 천문학자가 되는 것이라 생각했다. 그렇게 천진난만하게 '우주를 알고 싶어서'가 아니라 '우주를 사람들에게 들려주고 싶어서' 천문학자라는 직업을 꿈꿨다.

어렸을 때부터 단순히 연구만 하는 과학자가 아니라 세상과 소통하는 과학자를 꿈꿔서인지 자연스럽게 '대중은 왜 과학을 알아야 하는가?'라는 철학적인 질문을 고민하게 되었다. 과학고등학교에서 한창 이과생으로 훈련받기 시작하면서 과학에 대한 애정으로 가슴이 들끓었던 어린 시절에는 '21세기를 살아가는 교양인이라면 당연히 과학을 알아야 한다'라는 다소 과격한 생각을 했다. 심지어 과학이 쓸모없다고 생각하는 사람들을 무지하다고 무시하기도 했다. 하지만 대학에 들어오고 더 본격적으로 천문학을 연구하면서 이 질문의 해답이 그렇게 단순하지 않다는 사실을 깨달았다.

이 세상에는 과학 말고도 중요한 문제가 너무도 많다. 단지 내가 과학을 업으로 삼고 살아가는, 생계형 과학자이기에 눈앞에 놓인 과학 이야기가 가장 재밌고, 중요하게 보일 뿐이다. 다른 분야를 전공한, 다른 분야에 종사하는 사람들에게는 가장 중요하고 재밌는 또 다른 이야기들이 분명 존재한다.

이 엄연한 현실을 깨달으면서 내가 과학의 대중화를 위해 추구했던 목표가 다소 잘못된 방향을 가리키고 있던 건 아닌지 깊이 고민했다. 그동안 단순히 과학을 잘 모르는 사람들에게 '재밌고 신기한 과학 이야기를 새롭게 알게 해주는, 정말 말 그대로 가이드로서 역할을 하자'라고 생각했지만 한 발짝 물러서서 보니 '왜 그래야만 하는가?'라는 의문이 생겼다. 이 세상에 과학자가 아닌, 온갖 다양한 직업을 갖고 살아가는 사람들이 왜 굳이 과학자만큼 과학을 많이 알고, 과학을 이해해야 하는가? 전혀 그렇지 않다. 그렇다면 과학자라는 직업은 세상에 왜 존재하는가? 우리는 대체 무엇을 위해 다른 이들과 함께 살아가고 있는가?

놀랍게도 난 최근 유튜브 〈과학을 보다〉에 출연하면서 오랫동안 갈피를 잡지 못했던 이 질문에 대한 작은 실마리를 찾을 수 있었다. 방송에서 내가 가장 보람과 즐거움을 느꼈던 순간은 뜻밖에도 사람들에게 내가 알고 있는 이야기를 자랑하듯 줄줄이 풀어놓을 때가 아니었다. 천문학자가 아닌 다른 출연자에게서 예상치 못한 날카로운 질문을 받았을 때, 천문학자인 나와 주변 동료들도 평소에는 미처 깊게 생각해보지 못했던 흥미로운 질문을 받았을 때, 정말 도파민이 폭발하듯 흥분됐다. 그렇다! 과학의 대중화를 추구했던 내 목표의 본질은 사람들에게 지식을 많이 알려 똑똑하게 만드는 것이 아니라, 끊임없이 세상을 궁금해하고 질문을 던질 수 있도록 동기를 부여하는 것이 아닐까?

우리는 모두 한 인간으로서 본질적인 궁금증을 마음속 어딘가에 품고 살아간다. 우주는 어떻게 탄생했을까? 생명은 어떻게 시작되었을까? 시간의 끝은 어떻게 될까? 종교, 철학, 문학, 과학…

등 다양한 분야에서 나름의 방식대로 각자의 답을 들려준다. 하지만 바쁜 생업을 살아가는 대부분 사람은 이런 거대한 질문을 매일 고민할 여유가 없다. 궁금하긴 하지만 깊게 파고들 시간이 많지 않다. 바로 그 고민을 대신해주고 답을 들려주는 역할을 하는 것이 과학자다. 그 역할이야말로 우리 사회에 과학자가 존재해야 할 이유다. 과학자라는 직업이 사라지지 않고 계속 존재하기 위해서는, 사람들이 우주와 생명에 대해서 끝없이 궁금해하고 질문을 던질 수 있도록 역할을 해야 한다. 과학자는 사람들의 질문을 먹고 살아간다. 그리고 우리는 바쁜 그들을 대신해서 궁금증을 해결해줌으로써 우리의 역할을 다하는 것이다.

그래서 내게는 진심으로 나쁜 질문이 없다. 모든 질문은 과학자의 존재 이유가 되기 때문이다. 앞으로도 난 〈과학을 보다〉에서 "좋은 질문입니다"라는 뻔해 보이는 칭찬을 계속할 것이다. 정말 좋은 질문이기 때문이다.

정영진 MC와 통계물리학자 김범준 교수님, 그리고 미생물학자 김응빈 교수님과 함께 만든 두 번째 『과학을 보다 2』는 전편에 이어서 더 풍성하고 다양한 질문에 대한 답을 담아내고자 했다. 또 시청자들이 평소 댓글로 남긴 질문에 대해서도 방송에서 미처 다하지 못했던 답변들을 더 자세하게 들려주고자 했다. 비록 이 책에 담긴 우리의 답변이 전부 다 훌륭하진 않을지 모르지만, 적어도 이 책에 담긴 모든 질문은 정말 훌륭하다.

2024년 5월

지웅배

CONTENTS

놀라운 생명의 신비

신기하고 쓸모 있는 내 몸 이야기

새롭게 밝혀지는 우주의 비밀

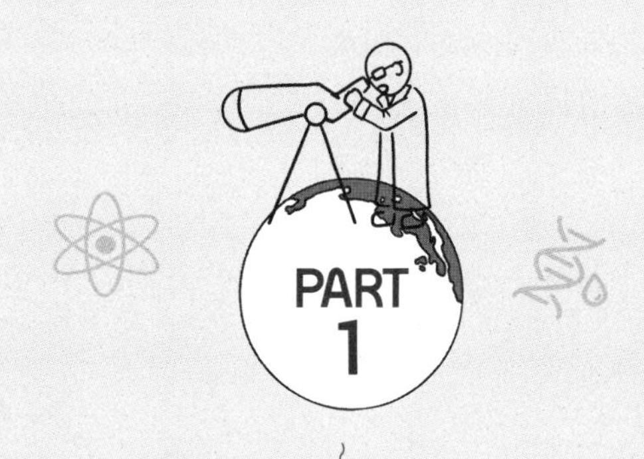

놀라운 생명의 신비

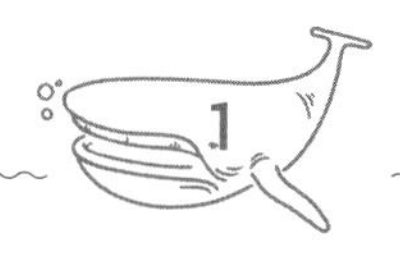

오래 사는 생물의 특징은 무엇일까?

인간은 지구상에 사는 여러 생명체와 비교하면 오래 사는 편이죠? 과거보다 평균 수명이 점점 늘어나고 있고요. 누구나 건강하게 최대한 오래 살고 싶다는 바람을 가지고 있을 텐데요. 오래 사는 걸 넘어서 안 죽는 건 어떨까요? 사람마다 다르겠지만, 정말 소수를 제외하고는 영생을 꿈꿀 거예요. 저는 가능하다면 정말로 영원히 살고 싶은데요, 하하! 우리가 아는 생물 가운데 정말 오래 사는 친구들은 누구일까요?

아마 깜짝 놀라는 분들이 있을 것 같은데, 이미 영원히 사는 생물이 발견됐습니다. 우선 미국 유타주에는 '판도Pando'라는 4만 7천여 그루의 사시나무 군락이 무려 8만 년 넘는 시간을 살고 있습니다. 이 군락을 이루는 4만여 사시나무는 모두 같은 뿌리에서 뻗어 나와 똑같은 유전정보를 물려받은 하나의 개체인데, 구석기 시대부터 지금까지 살아 있고 앞으로도 얼마나 긴 세월을 살아 있을지 예측하기 힘들죠.

세균 단위에서 보면 끊임없는 복제를 통해 계속해서 새로운 생명을 시작하는 방선균이 있고요. 히드라과에 속하는 동물인 홍해파리(모양 때문에 그런 이름으로 불리지만 실제로는 해파리가 아니에요)는 실제로 죽지 않습니다. 잡아먹힌다거나 하는 사고를 당하지 않는다면, 일정 수준의 노화가 이루어졌을 때 생체시계를 되돌려 어린 개체로 되돌아갑니다. 사람으로 치면 일정 나이가 됐을 때 다시 아기가 되는 거죠. 이런 과정을 반복하면 말 그대로 죽지 않고 영생을 사는 겁니다. 홍해파리를 보면 노화와 죽음이 절대적인 자연의 법칙이 아니라는 걸 알 수 있습니다. 하지만 세균이나 히드라는 인간과 좀 거리가 먼 생물처럼 느껴져서 그렇게 충격적이거나 놀랍지는 않죠.

그런데 정말 놀라운 동물이 발견됐습니다. 아프리카 북부 사하라 사막의 남쪽 땅속에 주로 서식하는 설치류인 벌거숭이두더지쥐인데요. 우리가 아는 일반 쥐가 3년가량을 산다면 이 벌거숭이두더지쥐는 30년 이상을 산다고 알려져 있습니다. 여기서 '30년가량'이 아니라 '30년 이상'이라고 말하는 데 주목해야 합니다. 본격적인 연구를 시작한 1980년대의 개체들이 지금까지 30년을 넘도록 살아 있어서 그렇게 말할 뿐 벌거숭이두더지쥐의 수명

뿌리가 하나로 연결된 미국 유타주에 있는 사시나무 '판도' 군락.
이 거대한 나무 나이가 8만 년.

죽지 않는 홍해파리.

이 얼마인지 아직 단정할 수 없다는 이야기죠. 연구에 따르면 벌거숭이두더지쥐는 늙지 않습니다. 이 동물에게 죽음은 병이나 사고로 인한 것이지 늙어서 죽는 건 아니라는 겁니다. 세계적인 IT 대기업인 구글은 캘리코Calico라는 생명공학 연구 자회사를 설립하여 인간 수명을 500세까지 늘리는 연구를 하고 있다는데요. 바로 이 벌거숭이두더지쥐의 늙지 않는 비밀을 규명하여, 이를 사람에게 적용하는 것이 목표입니다.

이외에도 대서양의 차가운 심해에서 살아가는 그린란드상어는 5백 살이 넘는 개체가 발견된 적이 있고, 우리에게 장수의 상징으로 유명한 거북이도 평균 수명이 100년을 훌쩍 넘습니다. 2013년에는 제주도에서 나이가 3백 살에 달하는 것으로 추정되는 푸른바다거북이 잡혔다가 방류된 적이 있었죠. 바닷가재, 즉 랍스터 역시 인간 같은 상위 포식자에게 잡아먹히거나 별다른 사

고를 만나지 않는다면 백 살을 넘겨 산다고 알려져 있어요. 다음 번에 랍스터를 먹을 기회가 있다면 자연의 섭리를 한번 떠올려보시길 바랍니다. 또 고래나 코끼리처럼 덩치가 큰 동물일수록 수명이 길어지는 경향이 있죠.

우선 기대 수명과 최대 수명을 구분해야 합니다. 기대 수명은 특정 시기에 출생한 0세의 출생아가 생존할 것으로 기대되는 평균 생존연수입니다. 반면에 최대 수명은 한 종種의 생명이 누릴 수 있는 수명의 최대치를 이르는 말입니다. 기대 수명은 여러 이유로 계속 늘어났어요. 오래전 과거에는 기대 수명이 낮았습니다. 예를 들어 선사시대에 마흔까지 산 인간이 있다면, 당시의 기대 수명을 기준으로 볼 때 장수한 셈이죠. 과거에는 영아 사망률이 높아서 기대 수명이 극히 낮았을 테니까요. 지금은 기대 수명이 크게 늘어났지만, 최대 수명이 그만큼 크게 변했다는 증거는 명확히 없습니다. 단지 기대 수명과 최대 수명 사이의 간격이 점점 좁혀지고 있는 거죠. 과거에는 무척 드물게, 현재에는 꽤 많은 분이 100세를 넘겨 살지만, 과거나 지금이나 200세까지 사신 분들은 분명 없으니까요.

여러 동물종에 대한 통계가 있는데요, 포유류 한 개체가 소비하는 기초대사량은 몸무게의 4분의 3승에 비례합니다. 그런데 몸을 이루는 세포의 숫자는 몸무게에 비례하거든요. 세포는 모두 크기가 비슷하고 따라서 질량도 비슷해서, 전체 몸무게가 늘어난다는 것은 세포 각각의 크기가 늘어나는 것이 아니라 세포의 수가 늘어나는 것이니까요. 그래서 기초대사율은 몸무게의 4분의 3승이고 세포의 숫자는 1승이라서 세포 하나가 소비하는 에너지는 몸무게의 4분의 3승을 몸무게의 1승으로 나눈 것이므로 몸무게의 4분의 1승에 반비례합니다. 포유류의 몸무게가 늘어날수록 상대적으로 세포 하나가 소비하는 에너지 양은 줄어들어 더 효율적으로 되는 것이죠.

중요한 점은 노화 세포가 늘어나면서 자연적인 수명의 한계가 정해진다는 겁니다. 생명체의 에너지 대사량이 상대적으로 늘어나면 노화 세포도 늘어나서 수명이 짧아진다고 할 수 있어요. 그러면 어떤 결론이 나올까요? 바로 수명이 몸무게의 4분의 1승에 비례한다는 겁니다. 그래서 덩치가 큰 동물이 작은 동물보다 오래 살 수 있는 거죠. 생쥐보다 강아지가, 강아지보다 코끼리의 수명이 더 길 것으로 예상할 수 있고, 실제로도 어느 정도는 여러 포유류의 수명을 설명할 수 있습니다. 물론 개체 하나에 대해서가 아니라 생물종 전체의 평균적인 추세에 대한 얘기라서, 몸무게가 많이 나가는 사람이 더 오래 산다고 결론을 내릴 수는 없죠.

또 다른 흥미로운 통계가 있어요. 여러 포유류의 심장이 평생 동안 뛰는 횟수를 서로 비교하면, 그 수치가 거의 비슷하다는 겁니다. 쥐처럼 심장이 작으면 빨리 뛰어요. 고래나 코끼리는 상대적으로 심장 박동도 느립니다. 그런데 평생 심장 박동 수는 비슷하게 정해져 있으니까 쥐는 수명이 짧고, 고래나 코끼리는 오래 산다는 가설도 성립할 수 있는 거죠.

사람의 수명을 결정하는 가장 중요한 요인 중 하나가 성性입니다. 러시아 남자의 기대 수명은 특히 낮은데, 2022년 통계청 기준 우리나라 남자 기대 수명이 80.69세, 러시아 남자는 64.68세입니다. 러시아뿐 아니라 모든 나라에서 남성의 기대 수명이 여성보다 10년 정도 짧습니다. 복합적인 요인들이 영향을 미친 결과겠지요. 다만 저도 자세한 연구 결과는 알지 못하지만, 실제 남성 호르몬이 심장 질환 발생 위험을 높이고 면역 기능을 떨어뜨린다는 사실은 일부 알려져 있지요.

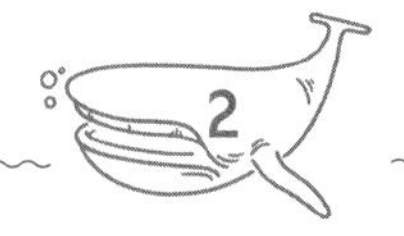

미국에서는 똥만 싸도 돈을 벌 수 있다는데 사실일까?

제가 살다 살다 정말 어이없는 이야기를 들었는데요. 미국 어디에서는 아침에 가서 똥을 싸면 돈을 주는 곳이 있다고 하더라고요. 아무래도 누가 웃자고 한 이야기가 아닐까 싶은데, 이게 사실입니까? 정말이라면 당장 저도 비행기 표를 끊어야겠어요.

사실입니다. 혈액 은행에서 건강한 피를 모으듯이 건강한 대변을 채집하는 미국 기관이 있습니다. 제가 알기로 한 번 기부할 때 50달러, 그러니까 주 5회 기부하면 250달러, 한 달이면 우리 돈으로 100만 원이 훌쩍 넘는 거죠.* 그 이유를

---

* 2024년 2월 현재, 신규 기증은 중단한 상태이다.

모르는 사람들이 봤을 때는 인류 역사에서 언제나 수질 오염의 주요 원인으로, 어떻게 잘 처리하느냐가 문제였던 대변을 돈을 주고 산다고 하니 터무니없다고 생각할 수도 있을 겁니다. 이를 이해하려면 먼저 인간의 대변이 미생물 덩어리라는 사실을 알아야 합니다. 대변은 수분을 제거하면 40% 정도가 미생물입니다.

그렇다면 인간의 몸에는 얼마나 많은 미생물이 살고 있을까요? 대개 인간이 가진 세포 수의 10배라고 표현하는데요. 하지만 정확한 수치라고 이야기할 수는 없어요. 먼저 사람 몸을 이루는 세포 수를 정확하게 파악하기가 어렵거든요. 대략 100조 개 정도로 추정은 하죠. 그러면 이 수치가 어떻게 나온 것인지 들여다보면 세포 하나 무게가 얼마니까, 몸무게가 얼마면 세포가 이 정도 있을 것이라고 추정하는 식입니다. 문제는 세포에도 근육세포, 지방세포, 뼈세포 등 종류가 다양하기 때문에 이같이 계산하는 방식이 굉장히 범위가 넓은 추정치일 수밖에 없다는 것입니다. 그래서 1kg당 세포 1조 개라고 평균 잡으면 70kg이면 70조 개가 되고, 여기에 미생물의 수는 이 숫자의 10배라고 다시 추정해야 합니다. 개인적인 생각으로는 그 정도까지는 아닌 것 같지만, 그렇더라도 정말 많은 미생물이 우리 몸에 살고 있다는 건 사실입니다.

인간의 몸에서 미생물이 가장 많이 사는 곳은 어디일까요? 우리 피부는 미생물에게는 약간 사막 같은 곳에 비유할 수 있어요. 건조하잖아요. 사막에는 생물이 많지 않죠. 가장 먹이가 많고 촉촉한 곳, 예를 들어 지구에서도 제일 생물이 많은 곳이 어디입니까? 물이 많고 따뜻한 열대우림, 아마존 같은 곳이잖아요. 미생물도 인간의 창자에 많이 삽니다. 일단 따뜻하죠, 촉촉하죠, 인간은 끊임없이 먹으니까 먹을 게 엄청나게 많아요.

그 많은 미생물 중에는 우리에게 이로운 것도 있고, 해로운 것도 있죠. 그런데 이 구분도 애매해질 때가 있어요. 예를 들어 아

직도 밀림 같은 곳에 원시적으로 사는 부족들이 있는데, 이들은 양치를 잘 하지 않잖아요. 그런데 그들의 구강 속 미생물을 조사하면 현대인에게는 유해균인 것이 유익균으로 작용해요. 이를 닦지 않는데도 오히려 원시 부족들에게 충치가 더 적은 이유예요. 그래서 유해균이냐, 유익균이냐를 가르는 것은 해당 생태계에서 서로의 관계 문제라고 봐야 하는 거죠. '남귤북지南橘北枳'라는 사자성어가 있는데, 남쪽에서는 맛있는 귤이 북쪽에서는 쓰디쓴 탱자가 되듯이 미생물도 환경 조성에 따라 유해할 수도, 유익할 수도 있습니다. 그래서 장내 미생물의 균형이 중요합니다. 최근 연구 결과에 따르면 장내 미생물이 사람의 뇌에도 영향을 미칠 수 있다고 하니까요.

특히 미국에서는 클로스트리디오이데스 디피실Clostridioides difficile이라는 박테리아가 문제가 됐어요. 줄여서 '시디프'라고 부르는데, 이는 원래 창자 속에서 유익균도 아니고 그냥저냥 있는 구성원이거든요. 그런데 만약 장내 생태계의 균형이 무너질 경우 유익균이 줄어들고 시디프가 많아지면서 염증이 발생하고 장 질환이 생깁니다. 증세가 심해지면 생명까지 위험해집니다. 미국 질병통제예방센터CDC 누리집에 게시된 자료에 따르면(2024년 2월 18일 기준) 요양기관에서 생활하는 65세 이상 고령자가 시디프에 감염되면 11명 가운데 1명이 사망했습니다. 대부분 노령층에서 환자가 발생하는데, 달리 치료 방법이 없다는 것이 문제예요. 그래서 나온 방법이 대변 이식입니다. 우리가 도저히 뭘 먹을 수 없는 상태가 되면 링거를 맞듯이 대장에 건강한 대변을 이식해서 미생물의 균형을 맞추는 거죠. 금식을 통해 장을 비운 뒤, 대장내시경을 하듯 관을 집어넣어서 건강한 사람의 대변을 식염수에 희석하여 환자의 위장관에 뿌려주는 거죠. 이미 미국 식품의약국에서 승인한 치료 방법이고 실제 효과를 보고 있습니다. 상대적으로 잘 알려지지 않았지만 국내의 순천향대 부천병원에서 대변이식을 통해, 항생제 투여에도 증상이 호전되지 않던 시디프 장염 환자를 치료한 사례가 있습니다.

재미있는 사실은 최근 전 세계의 건강한 똥을 모아 미생물을 보관하려는 노아의 방주 프로젝트가 진행되고 있다는 것입니다. 많은 사람이 알다시피 노르웨이령 스발바르제도에 국제종자저장고*가 있는데, 이와 비슷한 성격의 미생물 저장고microbiota vault를 만들려고 하는 거죠. 스위스 취리히대학에 이미 시범 저장고가 가동되고 있다고 합니다.

그렇다면 어떤 똥이 건강할까요? 잘 알려진 브리스톨 대변 형태 척도bristol stool form scale가 있습니다. 7가지 유형으로 변의 상태를 나눠놓았는데 너무 단단하지도, 무르지도 않은 바나나 모양의 3유형과 4유형의 대변을 건강하다고 평가합니다. 한번 도표를 보

* 만약의 대재앙을 대비하여 후손들의 생존을 위해 전 세계의 작물 종자를 보관하는 곳이다. 여러 재난과 재해에 견딜 수 있도록 설계됐으며 현재 세계 각국에서 보낸 98만여 종의 종자가 저장돼 있다.

면서 자신의 똥과 비교해보는 것도 건강 관리에 큰 도움이 될 겁니다.

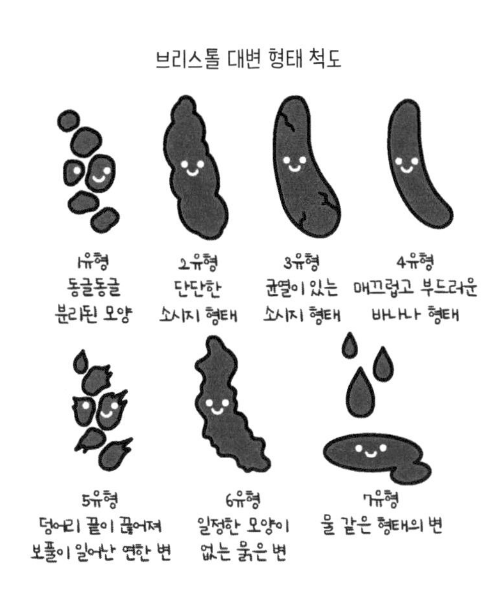

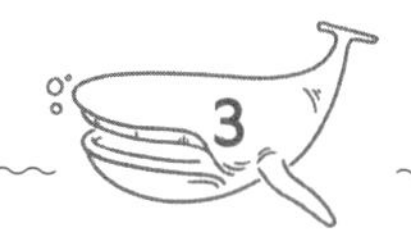

모기는 언제부터 있었을까?

영화 〈쥬라기 공원〉(1993)을 보면, 송진 resin이 굳어서 만들어진 보석인 호박 amber 안에 죽어 있는 모기가 빨았던 혈액으로 공룡의 DNA를 추출해 공룡을 만들고 그러잖아요. 물론 저는 '설마 그게 가능할까?' 의구심이 드는데, 영화가 맞는다면 모기는 공룡 시대에도 살았고 그 이전에도 존재했던 겁니까? 언제부터 살았던 거예요, 모기는?

모기는 중생대 초기부터 존재했어요. 공룡이 번성했던 시기가 중생대 중기 이후니까, 그전부터 모기가 살고 있었다는 얘기죠. 영화 〈쥬라기 공원〉 때문에 몇 가지 잘못 알려진 사실이 있는데, 이름부터 쥬라기가 아니라 쥐라기가 맞습니다. 그 시대 지층이 잘 남아 있는 프랑스 쥐라산맥에서 이름을 따왔거든요.

그리고 그 영화에 나오는 대부분 공룡은 쥐라기가 아니라 백악기에 살았습니다. 중생대는 순서대로 트라이아스기, 쥐라기, 백악기로 나뉩니다. 영화 제목 때문에 쥐라기가 더 많이 알려졌지만, 공룡의 진정한 전성기는 백악기에서도 후반부예요. 그러니까 모기는 대부분 공룡보다 역사가 오래됐고, 우리는 공룡보다 더 이전부터 살아온, 살아 있는 화석 같은 까마득한 고대의 생명체에게 여름마다 피를 빨리며 살아가고 있는 거죠.

1억 7000만 년 전 쥐라기 후기 화석에서 발견될 정도로
모기는 오랜 역사를 갖고 있다.

그렇다면 모기는 어떤 특성이 있어서 그 오랜 세월을 생존할 수 있었던 걸까요? 최근의 논문을 살펴보면 생물학적인 측면에서 모기의 특별한 능력 중 하나가 바로 후각입니다. 특히 이 후각 신경은 곧바로 뇌와 연결되기 때문에 굉장히 민감하고 효과가 바로 나타나죠. 대개 후각 신경은 신경 하나가 냄새 하나를 감지해요. 그래서 특정 신경에 이상이 생기면 해당하는 냄새를 잘 못 맡게 되죠. 그런데 모기는 신경 하나가 여러 냄새를 감지해서 그

런 문제가 발생하지 않습니다. 또 모기는 우리가 맡지 못하는 냄새도 감지할 수 있죠.

최근에 정말 흥미로운 논문이 발표됐는데, 이런 실험을 했어요. 지원자 64명을 뽑아서 팔에다가 나일론 토시 같은 걸 한 일주일 동안 차게 했어요. 그리고 각 참가자의 체취가 밴 토시 중에서 어디에 모기가 더 잘 모여드는지를 실험했습니다. 일종의 모기를 유혹하는 냄새 월드컵을 한 셈이죠. 그런데 1명이 전승으로 이겼습니다. 사실 우승해서 좋은 대회는 아니긴 하지만요. 이유를 살펴봤더니 그 사람 몸에는 특정 카복실산carboxylic acid 물질이 100배 이상 많았습니다. 사람의 피부에 있는 피지를 통해 생성되는 유기화합물인데, 쿰쿰한 치즈나 발 냄새 비슷한 냄새가 납니다. 사실 사람 피부에는 많은 미생물이 삽니다. 사람 피부에서 배출되는 피지나 땀을 먹고사는데, 우승자의 몸에는 문제의 카복실산을 만들어내는 특정 미생물이 많았던 거죠.

현재 모기는 알려진 것만 해도 3,500종이 넘습니다. 우리나라에는 50여 종 넘게 살고 있고요. 인류에게 특히 문제가 되는 모기는 세 종류인데요. 첫 번째는 이집트숲모기입니다. 그런데 이 모기는 이름처럼 우리나라에 그렇게 많지는 않아요. 나머지 두 종류가 우리에게 가장 해를 끼치는 종인데, 이게 말라리아와 일본뇌염을 옮기거든요. 얼룩날개모기가 말라리아를 옮기고, 작은빨간집모기가 일본뇌염을 옮깁니다. 모기가 사람 피부에 앉아 피를 빨 때, 일본뇌염을 옮기는 작은빨간집모기는 꽁무니가 수평이고, 말라리아를 옮기는 얼룩날개모기는 꽁무니를 하늘을 향해 쳐들고 있습니다. 뭐 꼬리가 어디를 향하든 모기는 보이면 일단 때려잡는 게 우선이겠지만요.

이제 수많은 모기의 생태가 점점 밝혀지고 있고, 잘 물리는 사람의 특성이 무엇인지도 알았으니, 인류가 모기로부터 해방될 수 있는 희망이 보입니다. 모기기피제가 아니라 정말 효과 좋은 모기퇴치제를 만들 수도 있고, 모기가 좋아하는 냄새를 알았으니 앞에서 말한 카복실산을 이용한 모기 덫을 만들 수도 있겠죠.

간혹 모기 같은 해충은 멸종시켜버리는 게 좋지 않냐고 말씀하시는 분들도 있죠. 제가 확실한 결론을 내려드리는 건 어렵지만 이런 이야기는 해드릴 수 있겠네요. 툰드라 지역에 가면 순록들이 삽니다. 얘네들이 극지방에 가까운 위쪽에 사는데, 여름에 더 밑으로 못 내려오는 이유 중 하나가 모기떼 때문이라는 거죠.

또 순록은 모기떼를 피하려고 바람을 거슬러 이동한다고 알려져 있습니다. 만약 모기가 없어져서 순록의 이동 패턴이 달라진다면 툰드라 지역의 땅과 식생 그리고 늑대와 같은 상위 포식자들에게도 영향을 미쳐 생태계에 변화를 불러일으키고 인간에게는 또 어떤 결과로 이어질지 알 수가 없다는 거죠.

그리고 모기가 인간에게는 해충이지만, 특히 수중 생태계에서는 모기 유충인 장구벌레나 모기를 먹이로 삼아 살아가는 생명체가 많거든요. 물론 모기가 멸종하더라도 생태계는 오래지 않아 다시 균형을 찾을 거라는 반대쪽 주장도 존재합니다. 하지만 지구에서 수억 년이라는 오랜 시간을 거쳐서 수많은 종이 서로 영향을 미쳐 현재의 자연 생태계 시스템이 이루어졌는데, 호모 사피엔스가 잠깐 동안, 생명체 진화의 기나긴 역사에서 정말 짧은 기간 우세 종이 됐다고 해서 역사가 더 오래된 한 종을 멸종시키는 것이 과연 올바른지 질문할 수도 있겠지요.

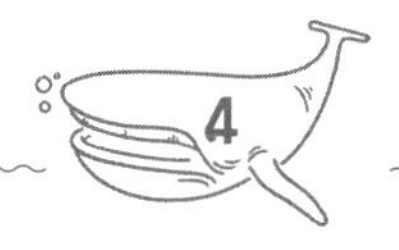

바퀴벌레는 왜 그토록 생명력이 강할까?

지구상에서 가장 생존력이 강한 생명체를 이야기할 때 빠지지 않는 것이 바퀴벌레입니다. 뭐 "핵전쟁이 나도 살아남을 유일한 동물이 바퀴벌레다"라고 이야기하잖아요. 저는 개인적으로 바퀴벌레와 안 좋은 추억이 많아서 앞으로 될 수 있으면 좀 마주치지 않고 살고 싶은데, 바퀴벌레는 왜 그렇게 생명력이 질기답니까?

바퀴벌레는 모기와 마찬가지로 인류보다 훨씬 오래전부터 지구에서 살아왔습니다. 족보가 3억 5000만 년 전 고생대의 석탄기까지 올라가거든요. 말 그대로 살아 있는 화석이죠. 하지만 우리가 굉장히 부정적인 선입견을 품고 있는 곤충이기도 합니다. 모양도 기분 나쁘게 생겼고 지저분해서 온갖 병균을 옮길 것 같고 잘 죽지도 않죠. 무언가로 내리쳐서 바퀴벌레가 으깨져 죽을 때의 그 느낌은 경험해본 사람이라면 다 알 텐데, 정말 찝찝하죠. 또 머리가 잘렸는데 며칠을 죽지 않더라는 목격담도 들리죠. 이유는 이제부터 설명하겠지만, 사실 바퀴벌레는 무척 억울할 겁니다.

생물학적으로 말하자면 바퀴벌레가 머리 없이도 버틸 수 있는 이유는 일단 호흡이 가능하거든요. 바퀴벌레는 우리와 달리 폐가 아니라 배에 있는 공기 대롱으로 호흡합니다. 이는 다른 곤충들도 마찬가지인데요. 배에 섬유질로 된 대롱이 길게 이어져 있고 또 구멍이 뚫려 있는데, 이를 여닫으면서 곧바로 세포에 산소를 공급하고 이산화탄소를 배출합니다.

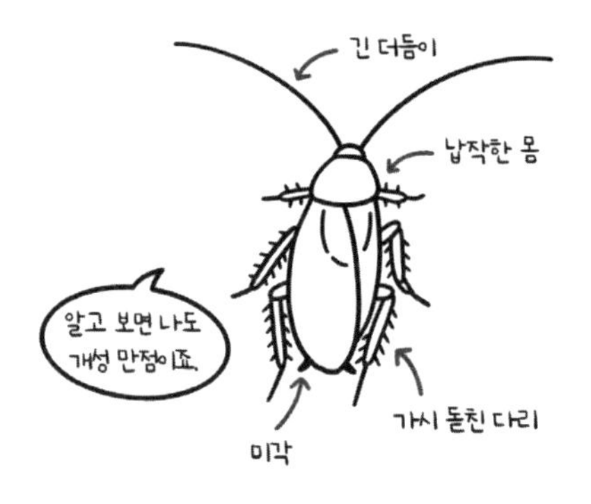

전문가들은 실제로 바퀴벌레가 머리 없이도 일주일 정도는 살아갈 수 있다고 합니다. 또 바퀴벌레는 못 먹는 것이 없고, 심지어 플라스틱까지 먹는다는 관찰 결과가 있습니다. 지방 저장 능력이 높아서 아무것도 먹지 않고도 한 달 정도는 너끈히 살 수 있습니다. 다만 물을 먹지 못하면 일주일 정도 버티다가 죽습니다. 신기한 건 한 번 교미를 하면 이후로 평생 알을 낳을 수 있고요. 심지어 일본의 한 연구팀은 수컷 없이 암컷만 있어도 단성생식으로 번식할 수 있다는 연구 결과를 발표했습니다.

중국의 한 연구팀이 바퀴벌레 유전자를 분석하여 강인한 생명력의 비밀을 어느 정도 밝혔습니다. 먼저 유전자 수가 곤충치고는 엄청나게 많아요. 우리와 비슷하게 2만 개 이상 가지고 있습니다. 특히 병에 걸리지 않도록 하는 면역 유전자, 먹이 냄새를 감지하는 화학수용체 유전자, 망가진 신체를 재생하는 유전자, 맛을 느끼는 미각 수용체 유전자, 독성 분해를 담당하는 효소 유전자 등 생존과 관련 있는 유전자 영역이 다른 곤충에 비해 월등히 많습니다. 또 바퀴벌레는 장 속에 많은 지방을 저장하는데, 그곳에 특별한 세균이 삽니다. 이 특별한 미생물은 아미노산을 생성해 단백질을 공급합니다.

게다가 강인한 생존력은 바퀴벌레의 신축력 있고 재빠른 몸 덕분이기도 한데요. 몸을 원래 크기의 20%까지 줄일 수도 있습니다. 1초에 자기 몸길이의 20배를 이동할 정도로 빠릅니다.

바퀴벌레는 전 세계에서 4,000가지가 훨씬 넘는 종류가 발견됐는데, 그중 극히 일부인 대략 30여 종이 사람이 사는 곳에서 발견됩니다. 우리나라에서는 그 가운데에서도 4종류만이 눈에 띄는데, 가장 흔한 종이 독일바퀴입니다. 특히 먹바퀴는 커다란 덩치에 광택을 뽐냅니다. 때로는 날아오르며 발견한 사람을 공포에 빠트리죠. 그렇지만 전체 바퀴벌레 중 인간에게 해를 끼치는 종류는 극히 일부에 불과합니다.

아름다운 자태를 뽐내며 애완용으로 인기가 많은 종도 있고, 고단백의 영양식으로 사랑받는 식용 바퀴벌레도 있습니다. 영화 〈설국열차〉(2013)에도 바퀴벌레 단백질 양갱이 등장하죠. 중국에서는 오래전부터 일부 지역에서 아이들의 발열이나 복통에 바퀴벌레와 마늘을 섞어 먹이는 전통이 있었는데, 현재도 수십억 마리의 바퀴벌레를 키우면서 '캉푸신예'라는 물약을 만들어 엄청난 매출을 올리는 제약회사가 있습니다. 성충이 된 바퀴벌레를 기계로 분쇄하여 물약의 형태로 제조한 제품입니다. 이 약을 복용하려면 의사의 처방을 받아야 하는데, 위궤양이나 상처 치료에 약효가 있다고 합니다.

다른 바퀴벌레처럼 알을 낳는 것이 아니라 몸 안에서 모유를 먹여 새끼를 키우는 '디플롭테라 펀타테'라는 특이한 종이 있는데, 이 모유가 고단백일 뿐만 아니라 지방, 당, 필수 아미노산 등 사람에게 필수적인 영양소가 우유보다 4배 정도 더 많아서 앞으로 식량 위기가 닥칠 때 인류를 구원할 슈퍼푸드가 될 수도 있다고 합니다. 그러니 바퀴벌레가 인간의 혐오감을 좀 억울하게 느낄 수도 있지 않을까요?

우주 최강의 생명체는 누구일까?

바퀴벌레도 끈질긴 생명력으로 유명하지만, 혹시 물곰이라고 들어보셨죠? 우주 최강의 생명체라면서 다큐멘터리 같은 방송에서 많이 등장했는데, 이름만 들으면 그렇게 강하게 느껴지지 않거든요. 좀 부풀려진 측면이 있는 건가요, 아니면 실제로 최강인가요?

학명으로는 완보동물*Tardigrada*이라고 하죠. 완보는 '느리게 걷는다'는 뜻인데, 그 모습이 마치 곰이 천천히 걷는 것과 같다고 해서 물곰water bear으로도 불립니다. 얼굴 생김새가 좀 우습게 생겼는데 애벌레처럼 잔뜩 주름이 진 무척추동물입니다. 작은 개체는 0.1㎜ 이하인 것도 있고 대개 0.5~1㎜ 크기여서 아주 큰 개체는 자세히 살피면 사람 눈에도 보입니다. 무려 5

억 년 전인 캄브리아기에 물곰의 조상들이 번성했었는데 그 크기가 2~10㎝로 컸다는 연구 결과도 최근 발표됐습니다. 현재는 약 1,000여 종이 알려져 있고 히말라야 꼭대기부터 깊은 심해까지 안 사는 곳이 없죠.

물곰이 우주 최강이라고 불리는 건 싸움을 잘해서가 아닙니다. 직접적인 공격을 잘 막아내서도 아닙니다. 아메바나 선충, 심지어 다른 물곰에게도 잡아먹힐 수 있거든요. 다만 다른 생명체는 생존하지 못하는 가혹한 환경에서도 물곰은 잘 버티는 것으로 유명합니다. 버티기의 달인이죠. 물곰이 바로 우주 최강의 버티기 능력을 보여줍니다.

물곰은 150℃가 넘는 뜨거운 곳에서도, 절대영도에 가까운 영하 273℃의 극도로 차가운 곳에서도 생존할 수 있습니다. 말 그대로 살아남을 수 있다는 것이지, 뭐 그런 환경에서도 활발하게 생명 활동을 할 수 있다는 건 아닙니다. 치명적인 수준의 방사능에 노출되더라도 죽지 않고, 진공 상태에서도, 심지어 먹이나 물이 없어도 수십 년을 버틸 수 있죠. 영국 옥스퍼드대학의 연구팀에 따르면 물이 존재하는 토성의 위성 엔셀라두스에서도 물곰은 충분히 살아갈 수 있다고 밝혔습니다. 실제 달에는 지금 물곰이 거뜬히 버티고 있을 가능성도 있습니다. 2019년 이스라엘 민간단체가 쏘아 올린 무인 우주선에 물곰이 실려 있었는데 달에 추락했거든요.

완보동물도 생존 능력이 독보적이지만, 세균의 세계로 오면 물곰과 대적할 만한 친구들이 많죠. 지구상 가장 뜨거운 곳에서도, 차가운 곳에서도 문제없이 살아갑니다. 물곰처럼 신진대사를 떨어트려 휴면 상태 혹은 가사 상태에서 버티는 것이 아니라, 정상적으로 기능하면서 사는 거죠. 우선 뜨거운 곳으로 가볼까요. 지구에서 100℃가 넘는 곳은 어딜까요? 바다 깊숙이 내려가면 심해에 화산 활동이 이루어지는 곳이 있습니다. 열수분출공熱水噴出孔이라고 하는데 바닷속 온천인 셈이죠. 바닷속으로 10m 내려갈 때마다 압력이 1기압씩 올라갑니다. 수심 3,000m라면 300기압 정도로 잠수정도 가기 어렵습니다. 엄지손가락 위에 300kg의 무게가 얹힌다고 생각해보세요. 그렇게 압력이 높다 보니 물의 끓는점도 올라갑니다. 무려 온도가 350~400℃까지 올라가기도 하죠. 일반적으로 통조림 같은 걸 만들기 위해 멸균하는 온도가 121℃인데, 2001년 심해 열수분출공에서 바로 이 온도에서 자라고 번식까지 하는 지오겜마 바로시아이[Geogemma barossii]를 찾아냈죠. 이외에도 아직 인간에게 발견되지 않은 다수의 미생물이 존재할 거로 추정하고 있습니다. 또 열수분출공 주변에서는 황화합물이 많이 나옵니다. 황화수소는 H_2S이니까 수소가 들어 있잖아요. 수소가 많은 화합물은 에너지가 높습니다. 미생물은 수소가 들어 있는 물질을 모두 이용할 수 있어요. 그래서 세균의 입장에서는 오히려 천국인 거죠. 물도 있고 먹이도 많습니다. 고온에도 파괴되지 않는 효소를 가진 덕분에 뜨거운 건 아무런 문제가 안 돼요. 생물학자들은 생명의 근원을 바다라고 생각하거든요. 그래서 지구 최초의 생명체는 이런 세균이었을 거로 추정합니다.

이번에는 추운 곳으로 가볼까요? 캐나다 북쪽 지역에는 오래전부터 얼어 있는 영구동토층이 있는데, 이곳에서 발견된 플라노코쿠스 할로크리오필루스[Planococcus halocryophilus]는 영하 15℃에서 성장할 수 있고, 영하 25℃에서도 대사 활동을 할 수 있다는 것이 확인됐죠. 우리는 겨울철이 되면 창문에 뽁뽁이를 붙이잖아요. 이 친구는 추워지면 세포 표면에 뽁뽁이를 붙여요. 그리고 우리가 겨울철 자동차에 부동액을 넣는 것처럼 세포 안에 부동성 단백질을 좀 만들어서 얼어붙는 걸 방지합니다. 또 세균은 단세포 생물이라서 세포막이 되게 중요하거든요. 안과 밖을 구분하고 최소한의 항상성을 유지하는 수단이고, 또 세포막을 통해서 외부와 모든 걸 교환하거든요. 그래서 세포막의 유동성을 보존해야 하는데, 날이 추워지면 불포화지방을 높입니다. 이런 극한 세균에 비하면 인간의 몸을 이루는 세포는 정말 온실 속의 화초라고 볼 수 있죠.

특히 데이노코커스 라디오두란스*Deinococcus radiodurans*라는 긴 이름의 미생물은 산소가 없는 곳에서도, 강한 산성 속에서도, 물기 하나 없는 건조한 곳에서도, 방사선으로 멸균한 통조림 속에서도 생존할 수 있는 다중 극한 생물로 기네스북에 이름을 올렸습니다. 이외에도 바닷물보다 8배나 짠 중동 사해 바닷물에서도, 심지어 고도 50㎞에 이르는 성층권에서도 세균은 발견됩니다.

데이노코커스 라디오두란스

세포는 분열을 통해서 번식하는데, 예전에는 정확하게 똑같은 2개의 개체가 된다고 생각했습니다. 그런데 최근 기술이 발달해서 세포를 한 마리 단위로 구분해서 실험할 수 있게 됐는데, 딱 한 마리가 들어가는 아주 깊고 가는 틈 속에 집어넣고 세포 분열하는 모습을 관찰했더니 DNA는 똑같이 나눠 가지지만 오래된 단백질은 원래 세포에 남고 분열되는 세포, 비유하자면 자식 세포에는 새롭게 생성된 단백질이 가더라는 거예요. 저는 개인적으로 이런 것을 볼 때 가슴이 뭉클해집니다. '하물며 세균도 다음 세대에게는 최대한 더 좋을 걸 주려고 애쓰는구나! 이게 삶의 섭리구나!' 하는 생각에 말이죠.

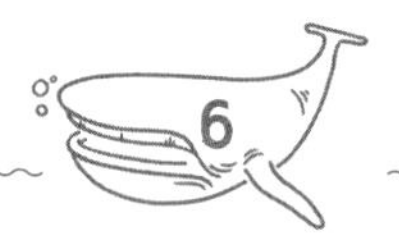

닭이 먼저일까, 달걀이 먼저일까?

세상에서 제일 어려운 퀴즈가 하나 있습니다. '닭이 먼저냐, 달걀이 먼저냐?'라는 질문인데요. 닭이 있어야 달걀을 낳을 테고, 달걀이 있어야 병아리가 나올 테니 뭐가 먼저라고 결론을 내릴 수 없는데요. 누군가는 빙글빙글 도는 2호선의 출발역이 어디냐고 묻는 것처럼 의미 없는 질문이라고 합니다. 사실 뭐가 먼저일까 하며 끝까지 거슬러 올라가면 '지구 최초의 생명체는 무엇일까?'라는 호기심이 생깁니다.

생물속생설*과 진화의 관점에서 보면 생명체는 생명체에서만 태어날 수 있습니다. 그러니까 훗날 병아리가

* biogenesis. 생물은 그 어버이가 있어야만 자손이 연속된다는 의미로, 프랑스 화학자이자 미생물학자인 루이 파스퇴르가 과학적인 비교실험을 통해 생물이 어떻게 생겨날 수 있는지를 증명했다.

태어날 달걀이 존재하려면 그걸 낳는 닭이 있어야 하는데, 닭과는 조금 다른 닭의 조상이 되는 어떤 새가 알을 낳아 닭으로 변이를 일으키는 과정을 고려한다면, 닭과 달걀 중에서 닭이 먼저라고 볼 수 있지 않을까 생각합니다. 그런데 여기서 말하는 그 닭은 우리가 말하는 닭이 아니라, 닭의 조상이 되는 어떤 새였으리라는 거죠.

달걀을 어떻게 정의하느냐에 따라 정답이 달라진다는 재미있는 논리도 있습니다. 닭이 낳은 알이 달걀이냐, 부화해서 병아리가 나오는 알이 달걀이냐는 겁니다. 만약 타조가 낳은 알에서 오리가 나왔다면, 이 알은 타조 알일까요, 오리 알일까요? 이 알을 타조 알이라고 한다면, 오리가 먼저냐 오리 알이 먼저냐의 질문에 대한 답은 오리가 먼저겠지요. 만약 오리 알이라고 한다면 알이 먼저가 되는 거죠. 마찬가지로 닭이 낳은 알이 달걀이라면 당연히 닭이 먼저고, 부화한 생명체가 병아리인 알이 달걀이라면 달걀이 먼저가 되겠죠.

실제 2006년 영국의 한 연구팀이 닭의 조상이 낳은 알에서 유전자 변형이 일어나 최초의 달걀이 되었고, 그 알에서 부화한 것이 최초의 닭이라는 연구 결과를 발표하면서 달걀이 먼저라고 주장했는데, 2010년에는 영국의 다른 연구팀이 달걀 껍데기를 생성하기 위해 꼭 필요한 '오보클레디딘-17[OC-17]'이라는 단백질 성분이 암탉의 난소에서만 발견된다며, 유전자 변형이 일어나 달걀을 낳을 수 있는 최초의 암탉이 먼저 생겨났고, 그 암탉이 낳은 알이 최초의 달걀이라면서 닭이 먼저라고 주장했습니다. 각 주장에 대한 반론이 여전해서 누가 옳다고 결론을 내리기는 쉽지 않죠.

이런 질문에 궁극적인 대답을 하려면 결국 지구 최초의 생명체는 무엇인지를 알아야 할 텐데요. 지구에 사는 모든 생물의 원조를 루카LUCA라고 부릅니다. 영어 'Last Universal Common Ancestor'의 머리글자인데, 우리말로 하면 지구 공통의 최종 조상이라는 뜻 정도가 되겠죠. 그게 과연 뭔지 저도 궁금한데요. 그 답을 찾아가려면 이제부터 과학적인 추리력과 상상력이 필요합니다. 지구상에는 한 90여 가지의 원소가 자연 상태로 존재합니다. 빅뱅의 결과물들이라고 하죠. 그런데 인간을 포함한 생명체는 그중 한 20여 가지의 원소로 이루어집니다. 이 원소들이 모여서 지구의 모든 생명체 몸이 만들어지는데, 그렇다면 이 원소들은 최초에 어떻게 결합해서 생명체로 탄생했을까요?

생명이 탄생하고 유지되기 위해서는 탄수화물이나 지방, 단백질 같은 크고 복잡한 화합물이 꼭 필요합니다. 그러면 지구상에 존재하던 수소, 질소, 산소 같은 간단한 화합물이 모여서 아미노산, 핵산 같은 물질이 먼저 만들어지고 또 어찌어찌 모여서 세포 비스름하게 복잡한 구조가 만들어지는 과정을 알아야 합니다. 그래서 아주 간단한 물질에서 복잡한 화합물이 저절로 생겨날 수 있느냐에 관한 실험은 이미 이루어졌습니다.

1950년대에 수소, 질소, 암모니아, 메테인 같은 것들을 모아놓고 태초의 원시 지구와 같은 환경처럼 온도를 올려 수증기를 만들고 번개를 발생시켰더니 저절로 아미노산 같은 유기물이 만들어지더라는 거죠. 실험한 사람들의 이름을 따서 '밀러-유레이 실험Miller-Urey experiment'이라고 부르는데요. 그래서 무기화합물에서 저절로 유기화합물이 만들어질 수 있다는 것을 증명했습니다. 이 실험은 당시에는 지구 초기에 어떻게 유기화합물이 형성되었는지를 보여준 것으로 간주되었지만, 이후 연구에서 지구 초기의 대기 조건이 실제 실험에서 사용된 것과 다를 수 있다는 지적이 있었습니다. 또한 아미노산과 기타 유기화합물이 만들어졌다고 해서 생명체가 탄생할 수 있는 것도 아니잖아요.

유기물	무기물
• 탄소와 수소 포함	• 탄소 포함하는 경우가 드묾
• 보통 생명현상에 의해 만들어짐	• 보통 생명현상과 관계없음

생명체가 만들어지기 위해서는 제일 중요한 것이 안과 밖을 구분하는 막입니다. 막이 있어야 그 안에 단백질이나 RNA, DNA 같은 것들이 형성되는데, 이게 쉽게 이루어지는 일이 아니잖아요. 우리는 늘 증거를 바탕으로 추리해야 하는데, 우선 세포 단위에서 보면 박테리아, 즉 세균에서 사람에 이르기까지 똑같이 작용하는 것이 있습니다. 모든 생명체가 다 똑같아요. 모두 정보를 가진 DNA가 있고, RNA를 통해 단백질을 만들어요. 어떻게 보면 정보의 흐름이죠. 생명을 한마디로 정의하기가 매우 어려운데, 분자생물학적 관점에서 '생명은 DNA에서 단백질로 흘러간 정보의 흐름'이에요. 사람이 배우자를 만나 2세를 낳으면 각자의 유전자를 절반씩 주잖아요. 정보의 흐름이죠. 중요한 건 지구상의 모든 생물이 같은 수단, 비유하자면 모두 DNA라는 언어를 사용해서 정보를 소통한다는 거죠.

어떤 구조와 기능의 몸을 가진 생명체가 되느냐와 관련된 모든 정보가 DNA에 있습니다. 모든 단백질은 DNA에 담긴 아미

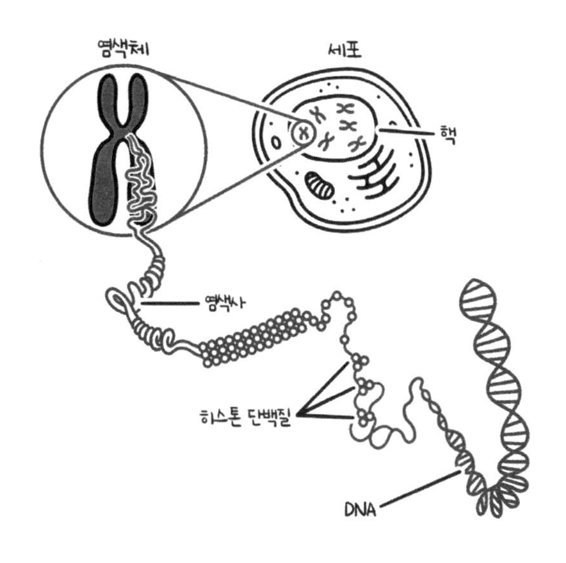

노산 설계도에 따라 만들어지죠. 여기서 딜레마가 발생합니다. DNA를 복제하는 데도 촉매작용을 하는 효소 단백질이 필요하니까요. 단백질을 만들기 위해서는 DNA 정보가 필요한데, DNA를 만들기 위해서도 단백질이 필요하니까, 여기서도 닭과 달걀 같은 딜레마 문제가 발생하는 거죠. 그래서 정보를 지니면서도 동시에 촉매작용을 하는 어떤 사건이, 무기화합물에서 복잡한 유기화합물이 만들어지던 생명 탄생의 초기 과정에 일어나지 않았을까 하고 추정해왔죠.

1980년대에 미국 콜로라도대학 연구팀이 단백질 구조(핵산 염기서열)에 관한 정보를 지니면서 동시에 단백질을 생성하는 촉매작용도 하는 RNA 생체분자를 발견한 뒤 '리보자임'이라고 이름을 붙였습니다. 이후에 생명의 기원은 DNA가 아니라 RNA에서부터 시작됐다는 'RNA 세계' 가설이 등장했습니다. 생명체의 가장 큰 특징이 자기 복제인데, 최초로 단백질을 만들며 자기 복제를 했던 RNA 분자가 바로 루카 탄생의 토대가 되었다는 거죠. 하지만 이 주장 역시 추가로 증명되어야 할 부분이 많아 아직까지 가설로 남아 있습니다.

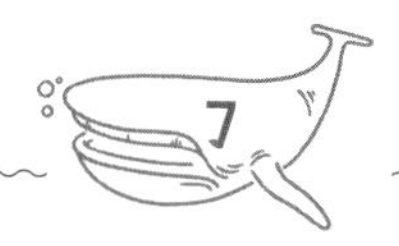

거미는 어떻게 집 짓는 방법을 아는 걸까?

도시에서도 어렵지 않게 거미줄을 만나곤 하는데요. 거미가 거미줄로 집을 짓는 건 언제 봐도 참 신기합니다. 거미가 보통 항문 쪽으로 줄을 쭉 뽑아서 집을 짓죠, 그렇죠? 몇 각형인지는 잘 모르겠지만 대단히 과학적으로 설계해서 집을 짓습니다. 이게 건축학적으로도 대단한 게 맞는 건가요? 그리고 거미는 어떻게 배우지도 않고 태어날 때부터 그런 대단한 기술을 사용할까요?

거미는 인간이 사는 곳이면 어디에나 있지요. 또 스파이더맨이라는 만화 캐릭터로도 우리에게 친숙한 존재인데요. 우선 거미와 관련해서 우리가 흔히 하는 오해부터 살펴볼까요.

첫째, 거미를 막연히 곤충이라고 생각하는 사람들이 많습니다.

곤충처럼 절지동물이기는 하지만, 거미는 곤충이 아닙니다. 곤충은 몸의 구조가 머리, 가슴, 배 등 세 부분으로 되어 있는 반면에 거미는 머리가슴, 배 두 부분이고 날개가 없습니다. 곤충은 일부 날개를 사용하지 않아 퇴화한 종도 있는데 기본적으로 날개가 있거든요. 하지만 거미는 해부학적으로 처음부터 날개라는 기관이 존재하지 않습니다. 그래서 날개로 날아다니는 개미는 본 적이 있어도 날개 달린 거미를 본 적은 없을 겁니다. 아, 물론 새끼 거미가 거미줄을 바람에 날려 마치 허공을 날아서 이동하는 것처럼 보이긴 하죠. 그리고 다리 수도 곤충은 6개(3쌍), 거미는 8개(4쌍)로 다릅니다.

둘째, 거미가 항문으로 거미줄을 뿜어낸다는 생각입니다. 간혹 어린이 만화에서는 거미가 입으로 거미줄을 쏘는 어이없는 장면이 나오기도 합니다. 실제로는 복부나 꽁무니(곤충의 배 끝부분)에 거미줄을 뽑아내는 별도의 기관이 있는데, 이를 '방적돌기'라고 부릅니다.

셋째, 모든 거미가 거미줄을 쳐서 먹이를 잡는 건 아니라는 겁니다. 거미줄 가닥을 늘어뜨려 낚시질하듯 먹이를 잡는 거미가 있는가 하면, 자기 몸길이의 25배 높이로 점프를 하고 보호색으로 감쪽같이 몸을 숨겨 매복하고 독니로 사람이 침을 뱉듯이 점액을 발사하고 심지어 끈적이는 거미줄 방울을 만들어 철퇴처럼 휘두르면서 사냥을 하는 거미도 있습니다. 물속에 거미줄로 공기

방울처럼 집을 만들어 물 바깥에서 잡은 먹이를 수중 둥지에서 먹는 거미도 있죠. 이렇게 돌아다니며 사냥하는 거미를 '배회성 거미', 거미줄을 쳐서 한곳에 머무르며 사냥하는 거미를 '정주성 거미'라고 부릅니다.

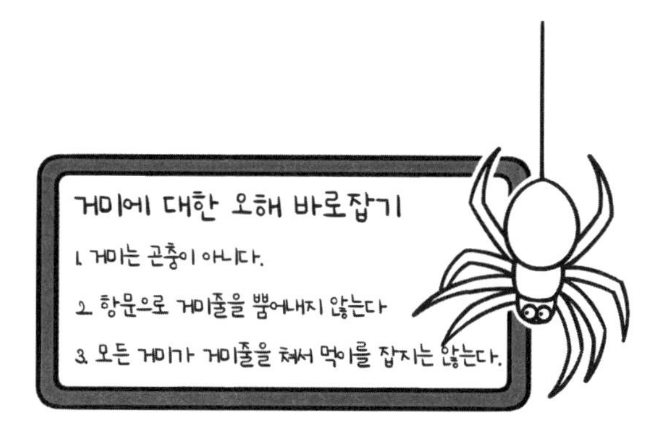

거미집은 건축학적으로도 대단한 구조가 맞습니다. 실제로 수학적 원리가 숨어 있습니다. 자신이 생산할 수 있는 거미줄의 양으로 최대한의 면적을 가진 집을 짓기 위해 방사형 또는 나선형의 동그란 구조를 선택하죠. 이는 학원이나 아카데미에서 따로 배울 필요 없이 거미의 DNA에 각인된 본능입니다. 기나긴 진화의 시간 동안 거미들은 온갖 구조로 거미집을 지어봤겠죠. 그중에서 집을 가장 잘 지은 거미들이 생존해서 자손을 낳았을 테고, 그런 식으로 제일 효율적인 거미집 구조에 관한 정보가 DNA에 기록됐을 겁니다.

거미는 단백질을 체액으로 반죽한 뒤 방적돌기로 거미줄을 뽑아냅니다. 그런 다음 대기 중에 건조해 튼튼한 줄을 만듭니다. 거미가 지은 집을 잘 살펴보면 원 중심부에서 바깥쪽으로 직선으로 뻗은 세로줄이 있고, 둥그렇게 빙 둘러서 이은 가로 방향의 가로줄이 있습니다. 신기하게도 거미는 가로줄만 끈적한 물질을 묻혀서 만들어 세로줄은 만져도 달라붙지 않습니다. 그래서 거미는 자기가 지은 집을 돌아다닐 때 주로 세로줄을 타고 다니죠. 또 거미의 다리에는 빳빳한 잔털들이 많아서 끈끈한 가로줄에도 잘 들러붙지 않는다고 합니다. 가로줄은 끈적끈적할 뿐만 아니라 늘어났다 줄어들었다 하는 신축성도 매우 높아 잠자리나 매미 같은 덩치가 큰 곤충도 일단 거미줄에 걸려들면 쉽게 도망칠 수가 없죠.

거미는 먹이가 걸려 거미줄이 흔들리면 다리 끝 감각모sensory hair로 진동을 감지합니다. 먹잇감이 거미줄을 건드리면 거미가 긴장하며 자세를 바로잡는 모습을 관찰할 수 있죠. 그런데 최근 연구 결과에 따르면 거미는 자신이 지은 집을 사람의 고막처럼 사용해 소리를 들을 수 있다고 합니다. 거미줄이 외부 고막이자 안테나 구실을 해서 소리가 일으키는 공기 입자의 움직임을 포착해 소리를 듣는다는 거죠.

바이오미메틱스biomimetics라고 들어본 적 있나요? 지구상에 존재하는 온갖 생물의 구조나 특성을 이용해 신기술을 개발하는 분야입니다. '생체bio'와 '모방mimetics'이란 단어의 합성어인데, 오랜 세월 자연계의 생명체가 시행착오를 겪으며 진화해온 과학적 원리를 모방해서 활용하는 거죠. 비행기도 결국 새의 날개를 본뜬 거잖아요. 그런 식으로 물방울이 굴러다니는 연꽃잎의 원리를 이용한 저절로 깨끗해지는 직물이나, 모기 주둥이를 이용한 고통 없이 피부를 뚫는 주삿바늘 등 여러 신기한 제품이 개발되고 있습니다.

거미줄 또한 많은 연구자가 관심을 기울이는 대상입니다. 거미줄은 엄청난 탄성을 지니고 있습니다. 거미줄로 실을 만들면 같은 두께의 강철보다 5배는 더 강합니다. 강도만 높은 것이 아니라 유연성도 대단해서 웬만한 충격으로는 끊어지지 않는 놀라운 특성을 지니고 있죠. 현재 환경, 패션, 의료, 항공, 우주 개발, 건축

등 여러 분야에서 거미줄을 활용하는 방안을 연구하고 있어요. 심지어 스파이더맨처럼 거미줄 총을 쏘아 적을 포획하는 무기도 개발 중이라고 합니다.

식물이 듣고 말할 수 있다고?

식물은 귀가 없잖아요. 그런데 식물도 소리를 듣고 심지어 소리를 내기도 한다는 말을 어디선가 들은 적이 있는데요. 사실인가요? 요즘 워낙 잘못된 정보, 가짜 정보를 마치 사실처럼 말하는 유사 과학이 많아서 쉽게 믿을 수가 없어요. 일반 상식으로는 식물이 소리를 듣는다는 건 아무래도 무슨 동화 속에 나오는 이야기처럼 엉터리 주장 같아서요.

많은 사람이 식물 하면 한곳에 뿌리를 내리고 묵묵히 평생을 외롭게 살아가는 이미지를 떠올릴 거예요. 그런데 놀라운 사실은, 식물이 엄청난 수다쟁이이면서 소통의 달인이라는 겁니다. 믿기 힘들겠지만, 식물이 실제로 이야기를 한다는 뜻이죠.

2023년 이스라엘 텔아비브대학 연구팀은 식물이 다양한 소리를 낸다는 사실을 실험으로 확인했습니다. 바람에 나뭇가지가 흔들린다거나 잎사귀가 스치는 소리가 아니라 정말로 특정 상황에서 특정 소리를 낸다는 거죠. 실험을 살펴보면, 텔아비브대학의 연구자들은 화분에 토마토와 담배를 심은 다음 인간이 들을 수 있는 주파수 범위 바깥의 소리까지 녹음할 수 있는 상자에 넣었습니다. 그런 다음 물 주기를 멈추거나 마치 초식동물이 풀을 뜯어 먹은 듯이 줄기와 잎사귀에 상처를 냈습니다. 그랬더니 놀랍게도, 우리가 택배를 포장할 때 쓰는 비닐 뽁뽁이 있잖아요, 바로 그 뽁뽁이를 터트리는 소리를 내기 시작했다고 합니다. 식물이 스트레스를 받자 시간당 50회에 이르는 소리가 녹음됐죠. 5m가량 떨어진 곳에서도 탐지될 만큼 그 소리가 컸습니다. 그럼 우리는 왜 집에 놓아둔 화분에서 지금까지 그런 소리를 듣지 못했을까요? 그건 사람이 들을 수 있는 소리의 주파수 범위는 20kHz까지인데, 식물이 내는 소리는 40~80kHz의 고주파이기 때문입니다.

여기서 궁금한 건, 식물이 발성기관도 없는데 도대체 어떻게 소리를 내는 걸까 하는 점입니다. 소리라는 건 결국 대기의 떨림, 즉 파동이잖아요. 식물은 물관과 체관으로 이루어진 관다발 조직을 이용해서 물과 양분을 빨아들이는데요. 이 관다발 통로를 흐르는 물의 양과 속도가 변화하면 그 내부에 작은 거품이 생기고,

이들 기포가 터지면서 뽁뽁 소리를 낸다는 거죠.

그럼 식물은 누가 듣기를 바라며 이런 소리를 내는 걸까요? 물론 식물이 의도적으로 누군가에게 도움을 요청하거나 아프다고 비명을 지른다는 증거를 찾을 수는 없죠. 하지만 결과적으로 생태계의 다른 생명체와 소통을 하는 수단인 것은 확실합니다. 이 소리를 들을 수 있는 많은 동물과 여러 상호작용이 벌어질 수 있고 실제로도 이루어지죠.

식물은 소리를 내기만 하는 것이 아니라 듣기도 합니다. 이것 역시 텔아비브대학의 같은 연구팀이 밝혀낸 사실인데요. 달맞이꽃에 벌이 날아다니는 소리를 들려주자 꽃봉오리 안의 꿀물 당도가 20%까지 올라갔습니다. 훨씬 달콤해진 거죠. 진짜 꿀벌 소리가 아니라 인공적으로 만든 동일 범위 주파수로 이루어진 소리에도 달맞이꽃은 같은 반응을 보였습니다. 나름대로 꽃가루를 더 잘 퍼트려서 번성하기 위한 일종의 호객을 하는 겁니다. 사람 역시 손님이 근처에 오면 소리를 질러서 가게 안으로 끌어들이잖아요. 달맞이꽃도 꿀벌이 근처에 왔다는 소리를 들으면 "여기 더 맛있는 꿀이 있어요, 달콤해요"라며 꿀벌을 유혹하는 거지요.

식물이 관다발 조직으로 소리를 낸다면, 소리를 듣는 건 어떤 기관을 이용하는 걸까요? 일단 사람은 대기의 떨림에 따라 고막이 진동하고 달팽이관이 증폭해서 청신경을 자극하면 대뇌가 이를 받아들여 '아 이런 소리구나' 하고 느낍니다. 식물도 기본적으로 진동을 느껴야 하는 것은 같은데, 어디로 느끼는 걸까요? 땅속으로 뻗어 있는 뿌리도 있고, 텔아비브대학 연구자들은 달맞이꽃의 경우 바로 꽃잎이 진동을 감지하는 귀의 역할을 한다고 밝혔습니다. 꽃봉오리를 감싼 후 꿀벌 소리를 들려주자 아무런 반응이 없었던 거죠.

자신에게 해를 끼치는 곤충의 공격을 감지하면 식물이 특정 화학물질을 내뿜어서 경고도 하고 그 곤충의 천적을 불러들여 자신을 보호하는 건 예전부터 알려져 있었습니다. 연구가 계속됨에 따라 식물이 소리를 듣고 내면서 자연 생태계와 조화를 이루고 상호작용한다는 사실까지 밝혀졌습니다. 만약 어떤 매개 장치가 개발되어 식물이 내는 소리를 인간이 직접 들을 수 있다면 어떤 일이 벌어질까요? 저 역시 집에 오랜 기간 키워온 반려식물들이 있는데요, 사실 저는 그들이 내는 소리를 들을 수 있다는 상상만 해도 가슴이 두근거립니다.

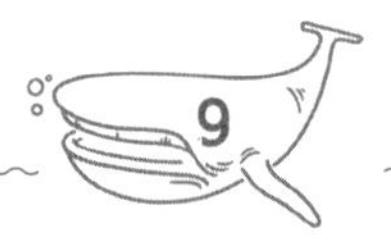

버섯은 정말 곰팡이일까?

혹시 버섯전골 좋아하세요? 저는 엄청나게 좋아하는데요. 사실 제가 어릴 때는 버섯전골을 별로 좋아하지 않았는데요, 나이를 먹다 보니까 입맛이 변하는가 봅니다. 갑자기 나이에 따라 입맛이 변하는 것도 과학적으로 규명해봐야 하는 건 아닌가 하는 생각이 드는군요. 각설하고, 저번에 버섯전골 집에서 누군가 버섯이 곰팡이라고 주장하던데요. 갑자기 입맛이 뚝 떨어지더라고요. 정말 버섯이 곰팡이 맞나요?

맞습니다. 버섯은 곰팡이의 일종입니다. 대표적인 곰팡이는 실 모양의 세포로 이루어진 사상균입니다. 한자로 '絲狀菌(실 사, 형상 상, 버섯 균)'이라고 쓰는데, 말 그대로 실 모양의 균이라는 뜻입니다. 그렇다면 균류란 무엇일까요?

균이라 하면 먼저 세균이 떠오를 텐데요. 균류와 세균은 엄연히 다릅니다. 생물 분류 체계에 따른 거리를 굳이 따지자면 곰팡이가 속한 균류는 세균보다는 오히려 사람에게 더 가깝습니다.

전체적인 그림을 그리기 위해서는 먼저 미생물microorganism의 세계를 이해해야 합니다. 미생물은 아주 작아서 눈으로는 관찰할 수 없는 생물을 말합니다. 미생물 하면 코로나19와 같은 바이러스를 떠올리는 사람이 많을 것 같은데요. 바이러스는 독립적으로는 아무런 생명 활동을 하지 못하다가 살아 있는 세포와 접촉하면 활성화되죠. 그러니까 바이러스는 생물도 아니고, 그렇다고 무생물도 아닙니다. 다음은 이제 생명체인데 크게 진핵생물과 원핵생물인 세균, 고세균으로 나뉩니다.

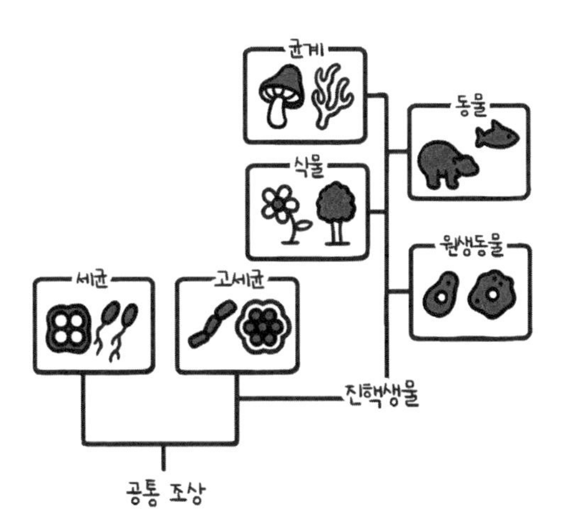

고등생물이 되기 위해서는 세포 내에 핵이 있어야 합니다. 사실 저는 고등생물, 하등생물 이렇게 분류하는 걸 좋아하진 않는데요, 인간 중심적 관점의 용어거든요. 특정 환경에서는 세균 같은 미생물이 인간보다 더 고등생물일 수도 있습니다. 그냥 좀 더 복잡한 생물이라는 의미로 고등생물이라는 용어를 사용했다고 이해해주십시오. 그래서 이렇게 핵막으로 구분되는 세포핵이 있다면 진핵생물, 없다면 원핵생물이죠. 그런데 세균은 원핵생물이고, 곰팡이는 진핵생물입니다. 그러니까 곰팡이는 세균보다는 훨씬 복잡하게 진화한 고등생물인 겁니다.

그렇다면 곰팡이는 식물일까요, 동물일까요? 버섯이 곰팡이라고 하니까 식물일 거로 생각하는 사람들이 많겠지만 굳이 따지자면 동물에 더 가깝습니다. 그렇다고 동물은 아니고, 미생물의 일원으로서 생태계의 한 축을 이루죠. 또 식물은 엽록체로 광합성을 해서 성장에 필요한 양분을 스스로 만드는 생산자이고, 동물은 그런 능력이 없어 다른 생물을 먹고 살아가는 소비자입니다. 곰팡이는 다른 생물의 배설물이나 사체를 무기물로 분해하면서 필요한 양분을 얻습니다. 그래서 곰팡이를 '분해자'라고도 부르죠. 곰팡이가 생태계의 순환에 없어서는 안 될 중요한 역할을 하는 거죠.

곰팡이를 잘 살펴보면 가는 실처럼 뻗어 나가는 게 있어요. 곰팡이가 만드는 실이라고 해서 '팡이실'이라고 부릅니다. 한자로는 균사菌絲가 되죠. 이 균사가 위로 계속 반복해서 접히면서 올라가며 갓 모양으로 뭉쳐진 것이 바로 버섯입니다. 갓 모양 부분을 자실체라고 부릅니다. 식물에 비유하면 이해하기가 쉬운데요, 땅속 균사체는 뿌리이고, 자실체는 열매에 해당하지요. 자실체는 포자를 공기 중에 뿌려서 번식하기 위한 곰팡이의 생식기관입니다.

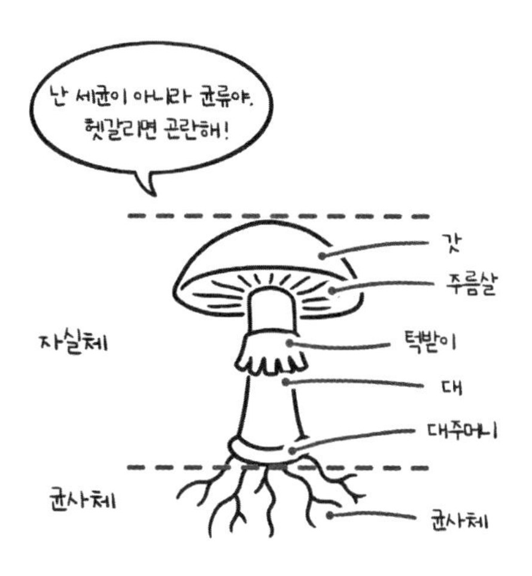

과학 기술이 발달하면서 곰팡이가 요즘에는 생각지도 못했던 용도로도 많이 쓰입니다. 곰팡이로 가죽 비슷한 소재를 만들 수가 있어요. 이걸로 가방이나 옷도 만들고 스티로폼 대신 친환경 충전재로 사용할 수도 있습니다. 또한 미국 항공우주국NASA에서는 달에 기지를 건설할 때 곰팡이로 만든 벽돌을 이용하는 연구를 진행하고 있다고 합니다. 곰팡이가 그렇게 단단해질 수 있나 하는 의문이 들 텐데요. 곰팡이의 세포벽 주성분이 '키틴chitin'이에요. 게나 곤충의 딱딱한 껍데기를 이루는 성분이죠. 곰팡이가 재미있는 것이 어떻게 배양하느냐에 따라, 그러니까 어떤 먹이를 주느냐에 따라 키틴의 함량을 조절해서 강도나 탄성을 조절할 수가 있다는 점이에요. 그렇게 해서 우리가 원하는 재질의 소재를 만드는 거죠.

우리가 즐겨 먹는 느타리버섯에도 깜짝 놀랄 만한 비밀이 숨어 있는데요. 바로 느타리버섯이 살아 있는 벌레를 잡아먹는다는 사실이에요. 느타리버섯은 땅속에서 가장 흔하게 발견할 수 있는 작은 벌레인 선충을 잡아먹습니다. 느타리버섯의 균사에는 막대사탕 모양의 독주머니가 달려 있는데, 이걸 건드리면 주머니가 터지면서 휘발성 신경가스가 나와서 선충을 마비시켜 죽입니다. 그러면 느타리버섯은 팡이실을 사체에 집어넣어서 쪽쪽 빨아먹죠. 그러니까 느타리버섯은 사냥하는 포식자인 겁니다.

또 특이하게 파리에서 피어나는 버섯이 있어요. 암컷 파리가

죽으면 이 버섯이 자라나요. 그러면 수컷이 다가와서 죽은 암컷인데도 교미하려고 애를 씁니다. 이 곰팡이가 수컷을 유인하는 냄새를 풍기기 때문이죠. 그 향기에 매혹된 수컷 역시 곰팡이에 감염돼서 또 다른 파리에게 옮깁니다.

1980년대에 미국 오리건주에서는 약 6㎢ 면적에 걸쳐 팡이실을 뻗고 있는 버섯이 발견된 적도 있습니다. 사실 식물 뿌리는 땅속에서 서로 연결된 경우가 많은데, 곰팡이 균사도 식물 뿌리와 연결되어 있지요. 이를 균근, 즉 균뿌리라고 합니다. 곰팡이가 식물의 뿌리 역할을 해줍니다. 곰팡이가 쫙 퍼져 나와서 자기 특기를 발휘해 질소, 인 같은 영양분을 흡수해주면 식물에도 도움이 되죠. 또 식물은 광합성으로 만든 탄수화물을 곰팡이에게 나눠주면서 공생합니다. 이런 연결을 '우드 와이드 웹wood wide web'이라고 부릅니다. 우리가 인터넷망을 www, 즉 '월드 와이드 웹world wide web'이라고 부르잖아요? 그 이름을 지하에 거대하게 연결된 곰팡이와 나무뿌리의 연결망에 붙인 거죠. 아직 확실하게 규명되지는 않았지만, 그늘에 가려 광합성을 하지 못하는 작은 나무가 있으면 큰 나무가 이 우드 와이드 웹을 통해 양분을 전해주고, 심지어 어머니 나무가 자식 나무를 보살핀다는 '어머니 나무 가설'까지 나왔습니다.

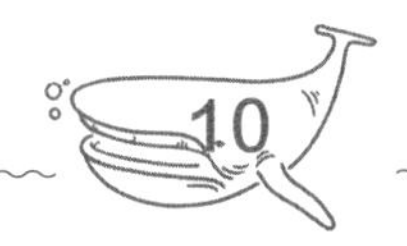

고대 바이러스가 깨어나면 무슨 일이 벌어질까?

지금 지구 온난화 때문에 북극이나 남극의 빙하가 계속해서 녹고 있잖아요. 그러다 보면 몇만 년 전에 얼었던 빙하 속에 잠들어 있던 미생물이나 바이러스가 깨어날 것도 같은데 말이죠. 인류가 한 번도 겪어보지 못했던 일이라 사실 두려운 생각이 좀 듭니다. 인류가 코로나바이러스coronavirus로 고생했던 게 얼마 안 됐으니까요. 이런 분야에 관한 연구도 진행되고 있죠?

상상하다 보면 등골이 오싹해지는데요. 당연히 이런 분야에 관한 연구가 진행되고 있습니다. 북극이나 남극 같은 극지방은 물론이고, 그 인근의 그린란드나 시베리아 같은 고위도 지역은 1년 내내 기온이 물의 어는점 이하인 곳이 많죠. 그런 지역에 항상 얼어 있는 토양 지층을 '영구동토층'이라고 부르는데요. 말씀하신 것처럼 지구 온난화가 가속화하면서 영구동토층이 녹아내리면 그 속에 수만 년 동안 잠들어 있던 고대의 바이러스 같은 미생물들이 세상으로 나올 수밖에 없죠. 이를 계산해보면 적게는 1년에 한 10경 마리, 많게는 10해 마리로 추측합니다. 평소에 우리가 잘 쓰지 않는 단위여서 실감이 나지 않을 수 있는데, 조兆 다음 단위가 조의 만 배가 되는 수, 경京이죠. 그러니까 9,999조 다음에 10,000조가 아니라 1경이 되는 겁니다. 그리고 9,999경 다음이 1해가 되는 거죠. 그렇게 무한한 숫자의 미생물이 뿜어져 온다는 말인데, 사실 중요한 건 미생물의 수가 아닙니다.

영구동토층

북극의 영구동토층은 기후의 시한폭탄이다.
해동되면 박테리아가 식물의 잔해, 토탄, 멸종된 동물 화석 등
아직 분해되지 않은 유기물질을 분해하느라
많은 메탄과 이산화탄소를 방출할 수 있다

사람들은 고대 바이러스가 깨어난다니까 굉장히 겁을 먹잖아요. 그런데 깨어난 바이러스 역시 지금 세상이 무척 낯설 겁니다. 익숙한 숙주가 없을 거라는 얘기입니다. 바이러스는 독자적으로 생존할 수 없고 숙주에 기생할 수밖에 없는데요. 깨어난 세상에 마땅한 숙주가 없다면 생존하기가 쉽지 않죠. 그래서 가장 치명적인 영향을 받는 건 오히려 이 세상의 세균일 겁니다. 수만 년 전에도 같이 생존했을 테니까요.

몇 번 놀라운 일이 벌어지기도 했었는데요. 1998년 알래스카의 동토가 녹아내리면서 드러났던 여성의 시신에서 과거 5,000만 명 이상의 사망자를 발생시켰던 스페인독감 바이러스가 발견된 적이 있었습니다. 2016년에는 러시아 시베리아 지역의 야말로네네츠 자치구에서 주민 8명이 탄저균에 감염되면서 12세 목동이 숨졌고, 또 2,000마리가 넘는 순록이 죽었는데 그 원인이 시베리아의 동토가 녹으면서 탄저균에 감염돼 죽었던 동물 사체가 드러났기 때문이라는 주장이 있었습니다. 물론 탄저균은 바이러스가 아니라 세균입니다.

바이러스와 세균을 명확히 구분하지 못하는 사람도 있을 것 같은데요. 일단 근본적인 구조부터 다릅니다. 세균은 독립적으로 증식할 수 있는 생물로서, 세포막과 세포벽, 핵, 단백질로 구성되어 생명체로서 최소 조건을 가지고 있어요. 하지만 바이러스는 세균의 50분의 1에서 100분의 1 크기로 아주아주 작고, 유전정보가 들어 있는 핵과 이를 둘러싼 단백질이 전부입니다. 그리고 앞에서도 말했듯이 숙주가 없다면 생존할 수 없죠. 또 다른 특징으로, 세균은 결핵균이나 콜레라균처럼 해로운 것도 있지만 유산균처럼 인간에게 유익한 것도 있습니다. 반면 바이러스는 숙주 세포를 파괴하기 때문에 지금껏 해롭게만 생각해왔죠. 그런데 최근 암세포만 공격하는 바이러스를 활용하여 바이러스 항암제를 개발하는 등 의학 분야에서 바이러스를 인간에게 유익한 쪽으로 활용하는 여러 소식이 들려오고 있습니다.

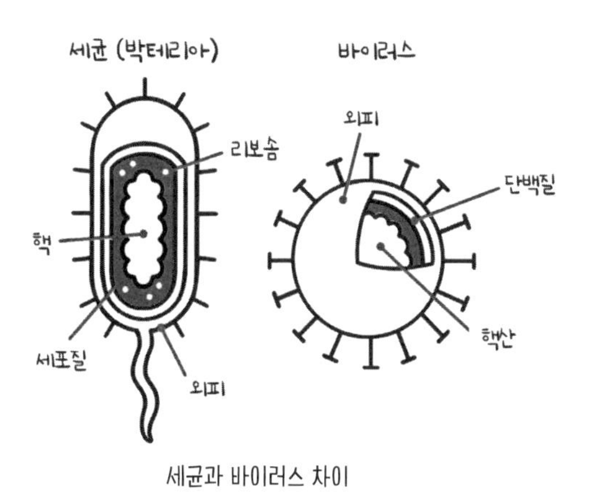

세균과 바이러스 차이

고대 바이러스가 깨어나면 고대부터 존재해온 익숙한 세균에 기생하여 여러 종류를 세상에서 사라지게 할 수도 있겠죠. 그러면 생태계의 다양성이 차례로 변할지도 모르겠습니다. 세균이 바이러스에 감염된다는 이야기가 생소할 수도 있겠는데요. 세포로 이루어진 지구상 모든 생명체는 바이러스에 감염될 수 있습니다. 세균도 단세포로 이루어진 생명체이기 때문에 바이러스에 감염됩니다. 그리고 세균 바이러스는 세균만 감염하고 다른 동물은 감염하지 않아요. 실제로 세균 바이러스를 활용해 항생제 내성이 있는 세균을 제어하는 방법도 개발되고 있습니다.

흥미로운 사실은 세균도 바이러스와 싸운다는 겁니다. 나름의 면역 체계를 가지고 있죠. 바이러스에 감염된다는 건 바이러스 DNA가 세포 안으로 들어온다는 건데, 이걸 자를 수 있는 능력이 있어요. 이 능력을 활용하는 게 바로 유전자가위입니다. 유전자 편집 도구인 유전자가위 기술은 세균의 면역 체계를 활용하는 것으로 이해하면 쉽습니다. 질병의 원인이 되는 유전자를 가위로 잘라내어 해당 질병을 예방하고 치료하는 거죠. 그래서 차세대 의료 혁명이라고 불립니다.

코로나 팬데믹을 겪으면서 모든 바이러스를 아예 멸종시켜버리면 좋지 않냐고 말씀하시는 분도 있습니다. 그렇지만 생물학자로서 저는 곧바로 이런 생각이 들죠. '그럼 세균 같은 미생물이 엄청나게 늘어나겠구나.' 세균이 바이러스의 공격으로부터 자유로워져 마음껏 번성할 테니까요. 세균 역시 바이러스 못지않게 인간에게는 공포의 대상이니까 그런 생각은 문제가 있죠.

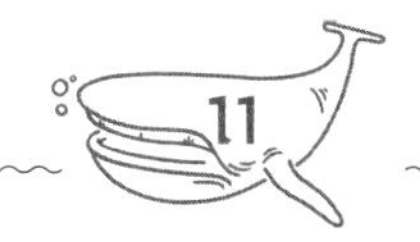

무시무시한 미생물이 있다?

우리는 동물이든, 식물이든 눈에 보이는 것에 주로 관심이 많잖아요. 그런데 교수님 이야기를 듣다 보니, 아주 작아서 우리 눈에는 보이지 않는데도 무언가 생명 활동을 하는 것들이 아주 흥미로우면서도 인간에게 무척 중요할 수 있겠다는 생각이 듭니다. 이런 미생물 중에 특이한 것들이 있을까요?

미생물이란 어느 특정 생물을 말하는 것이 아니라, 아주 쉽게 이해하자면 동물과 식물을 제외하고 남는 것은 모두 미생물이라고 생각하면 됩니다. 이름 그대로 풀이하면 맨눈으로는 관찰하기 어렵거나 불가능한 미세한 생물이라는 뜻이죠. 우리가 한 번이라도 들어봤음직한 종류로는 곰팡이, 세균, 아메바, 짚신벌레가 있습니다. 우리가 강물을 보면서 적조, 녹조가 끼었다고 표현하는 조류를 포함해 또 편의상 바이러스까지 미생물이라고 합니다. 종류만 따져보면 우리 눈에 보이는 생명체들보다 더 많죠. 지구상 어디에나 존재하고 심지어 우리 몸속에도 수많은 미생물이 살고 있으니까요. 그리고 미생물이라는 말을 들으면 건강에 해로운 병원균을 떠올리는 사람이 많겠지만 우리가 좋아하는 발효음식에도 들어 있고, 인간이 생명을 유지하는 데 꼭 필요한 미생물도 있습니다.

우리 몸에는 물론 지구상 어디에나
수많은 미생물이 산다.

물론 무시무시한 미생물도 있습니다. 전염성이나 치사율 측면에서 역사적으로 인류를 위협했던 유명한 바이러스가 많습니다. 천연두 바이러스, 에볼라 바이러스, 1918년 유행했던 스페인독감 바이러스*, 최근의 코로나바이러스 등이 있죠. 그중 가장 무시

* 2015년부터 WHO가 나서서 새로 발견된 병원체를 명명할 때 지역명을 피하고 과학적으로 타당하고 사회적으로 수용할 수 있는 이름을 부여할 것을 강조하고 있다. 이런 맥락에서 스페인독감 대신 '1918년 인플루엔자'를 사용하자는 주장이 힘을 얻고 있다

무시한 미생물을 꼽으라면 치사율이 100%에 육박하는 광견병 바이러스입니다. 물론 적절한 치료 시기를 놓쳤을 때의 확률이긴 하지요. 우리에게도 아주 익숙한 바이러스입니다.

지금이야 우리가 백신을 개발한 뒤여서 반려동물에게 예방주사를 맞혀 큰 문제를 일으키지 않지만, 이전에는 인간에게 굉장히 무서운 바이러스였습니다. '광견狂犬' 이라는 한자 그대로 개가 미치잖아요. 사람이 이 개에게 물렸다고 칩시다. 다른 바이러스들은 혈액으로 들어가서 온몸으로 퍼져 나가는데, 광견병 바이러스는 다릅니다. 일단 물리면 그 근육 근처에 머물면서 일정 수준까지 증식해서 힘을 기른 뒤에 혈관이 아니라 신경으로 침범합니다. 그러면 이놈은 놀랍게도 인간 면역계의 감시망에 걸리지 않습니다. 그 뒤에 아주 천천히 최종 목적지로 향합니다. 그곳이 어디냐면, 바로 인간의 뇌입니다.

광견병은 잠복기가 짧으면 몇 달, 길면 몇 년이 걸릴 수도 있어요. 초기 증상은 열이 좀 났다가 사라지니까 '감기에 걸렸구나' 하면서 무심히 넘겨버리죠. 그때부터 이 바이러스는 진군을 멈추지 않고 목적지를 향해 갑니다. 만약 목적지에 도착하면, 즉 뇌에 들어가 버리면 안타깝지만 어찌 손쓸 도리가 없습니다. 그렇다고 광견병에 걸린 개처럼 다른 사람을 마구 물거나 하지는 않지만 바람만 스쳐도 마구 경련을 일으키고 신기한 증상이 나타나는데, 특이하게 물을 무서워합니다. 그래서 물을 무서워한다고 하여 광견병을 공수병恐水病이라고도 부릅니다. 만약 개에게 물렸다면 일단 그 개가 광견병 예방접종을 받았는지 확인할 필요가 있겠죠?

1990년대 후반에는 우리가 처음 보는 크기의 바이러스가 발견됐습니다. 사람 세포의 평균 크기가 야구장만 하다면 보통 바이러스는 야구공 정도로 작습니다. 그런데 이 거대 바이러스는 투수 마운드 크기 정도 되는 겁니다. 그래서 자이언트 바이러스라는 이름이 붙었죠. 이들의 특징은 모두 유전물질인 DNA를 지니고 있다는 건데요. 코로나도 그렇고 독감 바이러스도 그렇고 사람이나 동물에게 병을 일으키는 바이러스는 특정 유전정보가 담긴 DNA 형태가 아니라 대부분 다 RNA 바이러스*입니다. 그런

* 바이러스의 대부분은 RNA 바이러스인데, 리보핵산(RNA)을 유전물질로 삼는 바이러스를 말한다. RNA 바이러스의 가장 큰 특징은 체내에 침투한 뒤 바이러스 증식을 위해 유전정보를 복제하는 과정에서 돌연변이가 잘 일어난다는 점이다.

데 이 자이언트 바이러스가 주로 어떤 대상을 감염시키는가 살펴봤더니 사람이 아니라 아메바나 미세조류 등이었습니다. 덩치만큼 위협적이진 않아서 다행이죠.

지구에 사는 미생물 종류는 동식물 종류를 다 합친 것보다 훨씬 더 많습니다. 100℃ 이상 펄펄 끓는 물이나 극한의 방사능 속에서 사는 것들도 있고, 공기가 없는 곳에서만 사는 것들도 있고, 중금속이나 아스팔트, 심지어 치명적인 복어의 테트로톡신이라는 독을 먹는 미생물도 있어서 일본의 어부들은 얘네들을 이용해 복어알 젓갈을 담가 먹습니다. 이외에도 아직 정체가 드러나지 않은 수많은 미생물이 있습니다. 어쩌면 인류의 밝은 미래는 이런 미생물 속에 답이 들어 있는 건 아닐까요?

빈대는 왜 다시 나타났을까?

빈대나 벼룩 같은 건 지금 젊은 세대에게는, 말 그대로 호랑이 담배 피우던 시절의 유물처럼 느껴질 텐데요. 물려본 적도 없고, 어떻게 생겼는지도 모를 거예요. 그런데 뉴스에서 갑자기 우리나라에도 빈대가 나타났다고 난리더라고요. 우리나라에서는 없어진 벌레 같은데, 왜 다시 창궐하는 거죠?

저와 나이가 비슷한 세대는 사실 빈대를 본 적도 있고 물려도 봤을 겁니다. 그렇게 까마득한 시절의 유물 같은 건 아니라는 이야기죠. 1970년대쯤에는 우리나라에서 흔하게 발견되는 벌레였으니까요. 그때는 집에 들어와서 불을 켜면 빈대가 실제로 빠르게 기어가서 숨는 모습을 종종 볼 수 있을 정도였죠. 그렇게 눈에 띌 정도로 빈대는 실제로 크기가 큽니다. 대략 5

㎜ 정도는 되죠. 성체는 둥글납작하고 머리가 있습니다. '빈대도 낯짝이 있다'라는 속담도 있듯이 정말 머리는 조그마한데, 바퀴벌레처럼 날거나 벼룩처럼 점프를 하지는 못합니다.

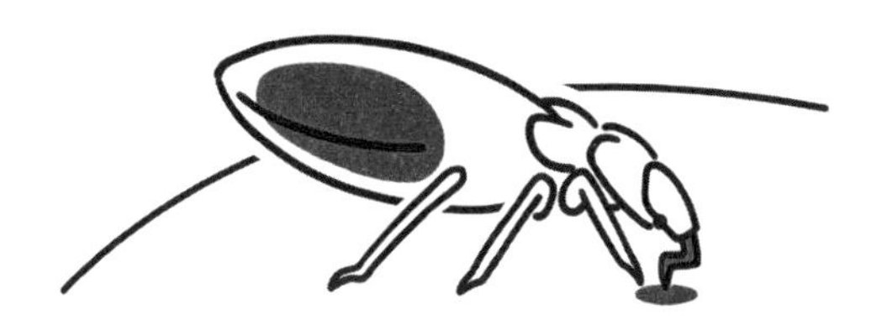

빈대
•저녁보다는 이른 새벽에 흡혈 활동
•크기는 5mm 정도
•둥글납작한 몸체와 머리가 있음

요즘 빈대가 다시 나타나 연일 뉴스 기사를 장식했는데요. 그 이유가 기본적으로 전 세계 교류가 늘어난 데 있습니다. 사람도 그렇고 물품도 엄청나게 많이 온 세계를 오고 가잖아요. 그러니까 다른 나라에서 빈대가 들어올 수 있다는 겁니다. 빈대는 자연계에 한 70여 종 보고돼 있어요. 그중에서 사람을 무는 건 특히 두 종류인데, 한 종은 위도 30도 이하에 살아요. 열대성인 거죠. 우리를 괴롭히는 종은 그 위쪽에 살고 있습니다.

빈대가 영어로는 베드버그Bed Bug인데, 주로 침대에서 많이 발견돼서 그런 이름이 붙었습니다. 얘네들은 빛을 너무너무 싫어해요. 밝을 때는 도망가 있다가 주변이 어두워지고 우리가 잠이 들면 슬금슬금 기어 나와서 뭅니다. 물리고 나서도 다음 날 이게 빈대 때문인지 알기 어려운데, 빈대에게 물리면 특징이 있습니다. 자세히 봤을 때 물린 자리가 몇 개씩 모여 있고 또 지그재그 형태로 이어져 있다면 빈대에 물린 것이 맞습니다. 빈대는 피를 빨고 난 이후에 다시 숨어서 소화를 시킵니다.

침대와 빈대

재밌는 건 빈대도 인스타를 합니다. 영어로 'Instar'죠. 그 말인즉슨, 빈대는 알에서 깨어나 성체가 될 때까지 탈피를 계속하는데, 탈피와 탈피 사이의 유충을 '인스타'라고 부릅니다. 빈대는 인스타 상태를 다섯 번 반복합니다. 모양은 그대로인데 크기가 점점 커지고 색깔도 진해지죠. 어쨌든 인스타 성체는 암수 모두 피를 빨아야 합니다. 숨어 있다가 나와서 정말 말 그대로 사람에게 빈대 붙는(남에게 빌붙어서 득을 보는 것을 속되게 이르는 말) 겁니다. 사람뿐만 아니라 온혈 동물의 피는 다 빨죠. 해외 사례 중에 양계장 관련 이야기가 나오는데, 빈대가 워낙 피를 많이 빨아서 키우는 닭들에게 빈혈 증세가 나타났으며 낳는 달걀 수가 줄어들었다는 보고가 있죠. 그렇더라도 빈대가 제일 좋아하는 숙주는 역시 사람입니다.

사람에 따라 정도가 다르긴 한데, 일단 물리면 엄청 가려워요. 피부병에 걸린 것처럼 흉이 지기도 하고요. 모기와 같이 빈대도 빨대를 꽂을 때 마취 및 혈액 응고 방지 성분이 섞인 액을 피부에 주입합니다. 이게 우리에게 히스타민 면역 반응을 일으켜 피부가 부어오르고 가렵습니다. 다행히 빈대가 감염병을 옮기지는 않습니다. 그렇지만, 빈대가 많으면 밤에 잠을 잘 자지 못합니다. 그 스트레스가 어마어마하겠죠. 또 몸에서 빈대가 발견됐다고 하면 사회적 낙인 같은 것이 찍혀서 대인관계가 어려워질 수 있습니다. 신기한 건 빈대에 물려도 아무렇지 않은 사람들도 상당히 많다고 합니다.

일단 집에서 빈대가 발견되면 철저하게 방역을 하는 것이 중요합니다. 사실 개인적으로 이걸 해결하는 건 쉽지 않아서 아무래도 전문업체에 의뢰하는 편이 낫겠죠. 살충제에 내성을 가진 빈대들까지 있어서 스팀을 이용한 열처리와 함께하면 효과가 좋다고 합니다.

빈대와 관련해서 가장 놀라운 건, 얘네들의 가학적인 교미 방법입니다. 수컷의 생식기는 날카로운 갈고리처럼 생겼는데, 암컷은 생식기가 따로 존재하지 않습니다. 그럼 어떻게 할까요? 수컷은 이 갈고리처럼 생긴 기관을 암컷의 복부에 찔러 넣어 사정합니다. 당연히 암컷은 이 과정에서 상처를 입고 사망률 또한 25%나 상승하죠. 이런 방식을 외상성 사정traumatic insemination이라고 하는데, 거미나 달팽이 등에서도 발견됩니다. 정말 치명적인 사랑입니다.

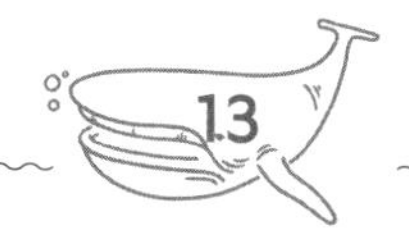

몸집이 큰 동물은 왜 느리게 움직일까?

영화에서 보면 몸집이 큰 생명체들은 천천히 움직이잖아요. 특히 〈쥬라기 공원〉에서 그 목이 긴 공룡 이름이… 맞다, 브라키오사우루스가 네 발로 이동하는 걸 보면 무슨 슬로비디오를 보는 것 같습니다. 영화에서 이렇게 표현하는 이유가 이 공룡이 실제 천천히 움직여서입니까? 아니면 그렇게 느리지 않지만, 단지 천천히 움직이는 것처럼 보이는 건가요? 생각해보니까 〈동물의 왕국〉에서 코끼리 역시 다른 덩치가 작은 동물과 비교하면 뭔가 어슬렁거리는 느낌이었던 것 같습니다.

언뜻 당연하게 느껴져 그것도 질문이야 하는 반응을 보이는 분도 있을 겁니다. 거대한 동물은 작은 동물과 똑같은 동작을 하더라도 실제로 시간이 더 걸립니다. 생물학적 이유야 김웅빈 교수님이 설명해주시겠지만, 덩치가 큰 동물이 천천히 움직이는 데는 물리학적 원리가 숨어 있습니다. 예를 들어 아주 간단한 사고실험을 해보겠습니다. 1m와 100m 길이의 막대기 2개를 동시에 쓰러뜨리면 바닥에 닿을 때까지의 시간이 서로 다릅니다. 중력 때문에 움직이는 거리가 시간의 제곱에 비례하거든요. 그러니까 1m 길이의 막대기가 1초 만에 쓰러진다면 100m 길이의 막대기는 쓰러지는 데 10초가 걸립니다. 다시 말해서 키가 1m인 공룡과 100m인 공룡이 있다면 땅바닥의 먹이를 먹기 위해 고개를 수그리는 과정을 길이가 다른 막대기의 움직임으로 어림하면 키가 큰 공룡은 키가 작은 공룡보다 10배의 시간이 더 걸린다는 의미입니다.

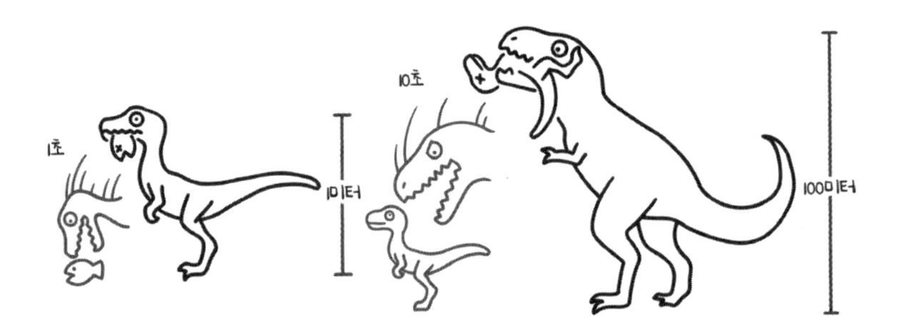

영화감독이 거대한 폭포를 영화의 한 장면으로 넣고 싶은데 직접 가서 찍을 돈이 없다면 작은 폭포를 인공적으로 만들어서 찍

을 때가 있습니다. 이때는 물이 바닥까지 떨어지는 속도를 더 느리게 영상을 조절해야 합니다. 이것도 길이가 다른 막대기가 넘어지는 시간에 대해 생각해본 것과 같은 방법으로 이해할 수 있어요. 등가속도 운동에서 물체의 이동 거리가 시간의 제곱에 비례한다는 것을 쉽게 알 수 있죠. 따라서 높이가 5m인 모형 인공 폭포에서 윗부분의 물이 바닥에 떨어질때까지의 시간이 1초라면, 높이가 25배인 125m 높이의 실제 폭포에서는 그 시간이 5배인 5초가 됩니다. 따라서 모형 폭포에서 영화 장면을 찍은 다음에 그 25배 높이의 실제 폭포처럼 극장에서 보여주려면 시간을 5배 늘려서 1초 분량의 동영상을 5초 동안 극장에서 천천히 상영해야 해요. 나이아가라 폭포에서 물이 떨어지는 장면을 TV에서 보면 엄청 천천히 떨어지는 것처럼 느껴질 겁니다. 실제로도 나이아가라 폭포가 상당히 높기 때문인 것이죠.

만화영화를 보면 거대한 마징가 제트 로봇이 같은 덩치의 악당 로봇들과 싸우잖아요. 위에서 설명한 이유로 내가 팔을 한 번 휘두르는 데 1초가 걸렸다면, 나보다 100배 더 큰 로봇이라면 커다란 팔 전체를 나처럼 휘두르는 데엔 10초가 걸리게 됩니다. 그래서 만약에 그런 로봇과의 전투 장면이 실제 상황이라면 우리는 다 피할 수 있습니다. 주먹이 날아온다고 해도 지켜보다가 살짝 피하면 되는 거죠.

덩치가 큰 동물이 느리게 움직이는 이유는 먼저 체온과 관련이 있습니다. 지구상에 존재하는 모든 동물은 움직일 때 근육에서 열이 발생합니다. 동물에 따라 정도의 차이는 있지만 에너지대사 작용에 따른 당연한 결과죠. 크게 보면 우리가 자동차나 TV, 스마트폰 등의 전자기기를 오래 사용했을 때 뜨거운 열이 발생하는 것과 같은 이치라고 생각하면 됩니다. 그러니 근육에서 발생하는 열을 식혀가며 움직이지 않으면 체온을 일정하게 유지할 수 없습니다. 그래서 몸집이 큰 동물일수록 근육에 쌓이는 열을 발산하는 데 더 많은 시간이 필요하고, 이 시간을 확보하기 위해 천천히 이동하는 겁니다. 특히 신체 무게가 1톤이 넘어가면 이런 특징이 뚜렷해집니다. 어느 정도 자연 냉각 효과를 볼 수 있는 수중에서도 결과는 크게 다르지 않죠. 해양 생물 역시 몸집이 커지면 빠르게 행동하지 못하는 거죠.

독일의 통합생물다양성연구센터 미리암 히르트Myriam Hirt 박사팀은 지구상에 사는 동물이 낼 수 있는 속도를 일관되게 설명할 수 있는 '체중-가속 시간' 분석 모델을 발표했습니다. 이전까지는 각 동물의 신체 구조나 개별 근육량을 계산해서 따로따로 설명해야 했던 운동 속도를 하나의 방법으로 분석할 수 있게 된 거죠. 이에 따르면 체질량이 늘어날수록 절대 속도가 빨라지다가, 일정 수준을 넘어서면 가속하는 데 시간이 오래 걸려 도리어 절대 속도가 감소하는 '뒤집힌 U자형' 패턴을 보입니다. 각 동물군 내에서 살펴보면 체중이 중간 범위에 속한 종이 가장 속도가 빠른 거죠. 인간 역시 달리기 선수들을 보면 체중이 가볍다고 해서 빠른 것도 아니고, 그렇다고 근육량이 많을수록 빠른 것도 아니고, 적당한 근육량과 체중을 가진 선수들이 가장 빠르다는 걸 알 수 있습니다.

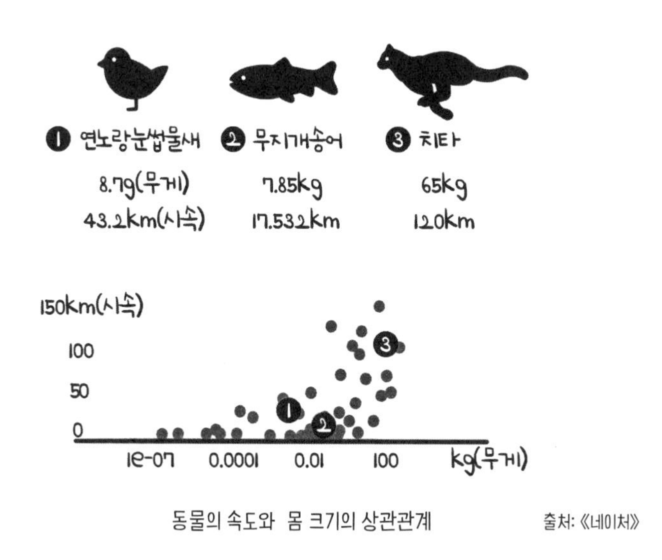

동물의 속도와 몸 크기의 상관관계 출처: 《네이처》

수중 동물과 육상 동물 중 어느 쪽에 가장 빠른 스피드 챔피언이 있을까요? 다들 육상 동물이 유리할 거로 생각하기 쉽지만, 육상의 챔피언인 치타가 최고 시속 110㎞ 전후인 데 비해 회유성 어류인 백새치는 수중 저항에도 불구하고 무려 최고 시속

130㎞의 속도를 자랑합니다. 하지만 진정한 스피드 챔피언은 당연히 조류 중에 존재하는데요. 송골매는 먹이를 잡기 위해 급강하할 때 최대 시속 390㎞의 무시무시한 속도를 기록하기도 했습니다.

가장 힘이 센 동물은 무엇일까?

힘이 얼마나 센지를 말하려면 기준이 필요할 것 같은데요. 그냥 절대적인 힘의 세기를 기준으로 할 수도 있고, 역도에도 체급이 있듯이 덩치와 비교해서 얼마나 힘이 센지를 기준으로 할 수도 있잖아요. 각각의 기준으로 모든 동물을 통틀어 가장 힘이 센 동물은 무엇일까요?

아마도 가장 힘이 센 동물로 코끼리를 떠올리는 분이 많을 것 같은데요. 진정한 최강자는 바다에 있습니다. 바로 대왕고래입니다. 흰긴수염고래로도 불리고, 영어 이름은 몸의 푸른빛 때문에 '블루 웨일Blue Whale'인데요. 무려 33m 길이의 개체가 발견됐을 정도로 덩치가 큽니다. 공룡을 포함해서 아마도 지구상에 존재해온 모든 동물 중에 가장 큰 종일 것으로 추정됩니다. 갓 태어난 새끼의 크기가 7m, 몸무게는 2.5톤에 달하고 성장기에는 하루 100kg씩 몸무게가 증가한다고 하니 정말 놀라울 따름이죠. 정확하게 대왕고래의 힘을 측정하기는 어렵겠지만, 육상의 코끼리와 비교할 수는 없을 겁니다. 코끼리 몸무게가 평균 2톤 정도인데, 대왕고래는 입 안의 혀 무게만 4톤에 달하니까요.

그렇다고 코끼리를 무시할 수는 없습니다. 현재 육상 생물 중에서는 가장 힘센 동물이 맞습니다. 절대적 힘의 크기를 측정해서 동물들의 서열을 매긴 연구 결과는 찾아보기 힘들지만 제 나름대로 순서를 정해보자면 최대 키가 4m, 몸무게가 7톤에 달하는 아프리카코끼리가 서열 1위를 차지하지 않을까 합니다. 거대한 상아를 휘두르는 아프리카코끼리가 다가오면 사자 무리도 얌전하게 자리를 내주죠. 그다음으로는 아프리카의 코뿔소와 하마, 알래스카의 불곰, 아메리카의 회색곰, 버펄로 정도가 힘을 다툴 것 같군요. 파충류에서는 바다악어나 나일강의 나일악어, 아마존의 거대한 아나콘다 정도가 강력한 힘으로 인간에게 두려움을 주는 대상이죠.

발휘할 수 있는 절대적 힘의 크기는 비교할 수 없을 정도로 작지만, 최종적으로 지구상에서 최상위 포식자는 호모 사피엔스, 즉 인간입니다. 최근에 재미있는 실험 결과가 발표됐는데, 온갖 동물이 모여드는 남아프리카 사바나 지역의 물웅덩이에 스피커를 설치한 뒤, 사람 말소리와 사자가 으르렁거리는 소리를 들려줬더니 동물들이 사람 말소리에 40% 더 빠르게 반응하며 도망갔습니다. 어렵게 사냥한 먹이를 물고 가던 표범은 사람 말소리가 들리자마자 먹이를 포기하고 꽁지가 빠지게 도망쳤습니다. 거대한 덩치의 코끼리도 사자 소리에는 오히려 스피커에 달려들어 망가뜨렸지만 사람 말소리에는 서둘러 도망가는 모습이 생생하게 찍혔죠.

절대적인 기준으로 힘이 강한 동물이 되려면 우선 몸에 있는 근육의 면적이 커야 합니다. 얼마나 많은 힘을 낼 수 있는지를 결정하는 것은 근육의 전체 부피가 아니라 단면적, 즉 근육이 움직이는 방향에 수직한 평면으로 근육을 잘랐을 때 단면의 넓이인 거죠. 길이가 달라져도 모습의 변화가 없다고 가정하면, 길이가 L인 생명체의 몸의 부피와 몸무게는 L의 3

승에 비례합니다. 한편 몸의 겉면적, 뼈나 근육의 단면적은 면적이라서 L의 2승에 비례하죠. 생명체가 들 수 있는 무게는 근육의 단면적에 비례하니까 L의 2승에 비례하고, 몸무게 대비 들 수 있는 무게는 L의 2승을 L의 3승으로 나누어서 L분의 1에 비례하게 됩니다. 결국, 한 생명체가 자기 몸무게 대비 들어올릴 수 있는 무게는 길이에 반비례한다는 얘기입니다. 작은 생명체일수록 자기 몸의 무게에 비해서 들 수 있는 무게가 더 크다는 결론이 나오죠. 작은 곤충일수록 자기 몸무게의 몇 배를 번쩍 들 수 있는 이유를 이렇게 간단한 수식으로 쉽게 설명할 수 있습니다. 남아메리카 가이아나 열대림에 사는 한 개미*Azteca andreae*는 무려 자기 체중의 5,700배를 견뎠다는 관찰 결과도 있는데요. 그래서 언론이나 미디어에서는, 만약에 사람으로 치면 이 개미가 빌딩 하나를 드는 것과 마찬가지라는 식으로 얘기하기도 해요. 하지만 이 개미가 사람만큼 덩치가 크다면 그처럼 힘을 내는 것은 절대로 불가능해요. 개미가 자기 몸무게의 몇천 배 무게를 견딜 수 있는 이유는 힘이 세어서가 아니라 단순히 덩치가 작기 때문입니다.

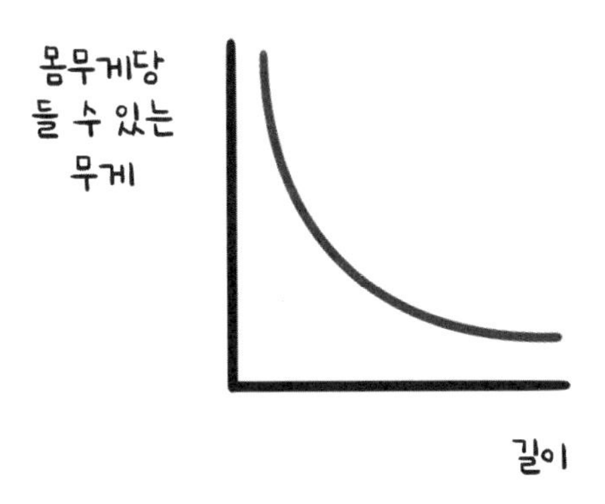

벼룩 같은 경우도 재미있는데요. 벼룩이든 사람이든 코끼리든 당나귀든 대부분 생명체가 높이뛰기 할 수 있는 평균 최대치가 60㎝ 정도로 거의 비슷하다고 해요. 그런데 벼룩은 작으니까 사람 기준으로는 엄청난 고층 빌딩을 뛰어넘는 점프력이라고 할 수 있다면서 놀라는 거죠. 이것도 설명이 가능한 현상인데요. 어떤 생명체가 만들어낼 수 있는 에너지는 몸의 질량에 비례해요. 자기 몸이 가진 근육의 총량이 내는 에너지로 처음 뛰어오르면 이 생명체가 가장 높은 곳에 위치할 때에는 처음 근육이 공급한 에너지가 모두 중력에 의한 퍼텐셜에너지(위치에너지)로 전환됩니다. 그런데 또 이 퍼텐셜에너지 역시 몸의 질량에 비례해요. 몸이 공급한 에너지가 가장 높이 있을 때의 중력에 의한 퍼텐셜에너지와 같아야 한다는 것을 식으로 적으면 양변에 몸의 질량이 똑같이 있어서 사라지게 됩니다. 결국, 거의 비슷한 방식으로 근육이 제공하는 에너지를 여러 동물이 만들어낸다면, 작은 곤충이든 큰 코끼리든 높이뛰기의 최대높이는 그리 다르지 않으리라 예상할 수 있죠. 실제로도 그렇고요.

바다가 모든 생명체의 기원이라고?

인간은 육지에 살고 있어서 생명의 기원이 바다에서 시작됐다는 이야기를 들으면 좀 낯설게 느껴집니다. 현재 지구에는 대략 30만 종의 식물과 770만 종의 동물이 있을 거로 추정한다고 하던데, 이렇게 많은 생명체의 기원을 거슬러 올라가면 수십억 년 전 지구 바닷속에서 하나의 근원 세포인 루카를 만난다는 거잖아요. 그런데 그 장소가 꼭 바다라고 이야기하는 이유가 뭔가요?

원시 지구에는 지금처럼 오존층이 없었기 때문에 태양에서 지구로 강력한 방사선과 자외선이 아무런 여과를 거치지 않고 육지에 직접 쏟아졌다는 것이 중요한 이유입니다. 대기에도 산소가 없었고 메탄, 암모니아, 수증기, 수소 등의 기체로 이루어졌죠. 이런 가혹한 환경의 지구 표면에서는 생명체가 탄생

하기 어려웠을 거로 추정합니다. 그래서 각종 물질이 축적된 바닷속에서 최초의 생명체가 탄생했을 것이라는 이론이 원시 수프 primordial soup 가설입니다.

바닷속에서도 심해 열수구를 그 근원지라고 생각합니다. 열수구는 쉽게 이해하자면 심해의 온천입니다. 지구 중심부의 뜨거운 곳에서 올라오는 열기가 화산이 폭발하는 것처럼 분출되는 곳입니다. 단지 열기만이 아니라 여러 가지 화합물이 올라오죠. 또한 그 주변이 심해 지역인 만큼 흙 입자 등이 가라앉아 있어서 각종 원소로 이루어진 물질이 많았을 것입니다.

심해 열수구 주변에는 지상의 온천과 마찬가지로 황화합물이 많이 발견되는데, 초기 유기물들이 황철석의 표면에 붙어서 이런 황화합물의 촉매작용을 통해 화학적으로 진화했을 거로 추정합니다. 지금도 고온의 심해 열수구에는 원시적인 고세균이 살고 있습니다. 그중에 초호열성 메탄생성균 같은 독립영양박테리아들이 발견되는 것을 볼 때, 생명 탄생 초기의 세포들도 이런 물질을 에너지로 사용하지 않았을까 추정할 수 있죠.

바다를 생명이 탄생한 곳으로 보는 또 다른 증거도 있는데요. 우선 바다나 강에 사는 생명체는 어류입니다. 물 밖으로 나오면 죽죠. 양서류는 물과 뭍을 오가면서 살 수 있습니다. 그렇지만 대부분 양서류는 호흡도 그렇고, 알을 물속에 낳고 체외수정을 하므로 계속 물 밖에 있을 수는 없죠. 이제 파충류로 오면 알도 육

지에 낳고 양서류와 달리 매끈한 피부로 호흡하지 않기 때문에 물에 대한 의존성이 약해집니다. 조류나 포유류로 오면 물에서 살 필요가 없어지죠. 물론 물을 마셔야 하는 건 당연하지만요. 무슨 얘기냐면 생명이 진화하면서 점점 물에서 멀어지는 경향성을 보인다는 겁니다. 빅뱅도 우주가 팽창한다는 사실을 발견하고 이를 되돌리면 어떻게 되는 걸까 하는 질문에서 답을 얻었잖아요. 이렇게 점점 물에서 멀어지는 생명 진화의 현상도 거슬러 올라가면 결국 생명의 기원은 물에 있다는 결론을 도출하게 되죠.

지금 지구에서 가장 오래된 화석은 원시 지구의 남세균이 광물과 뒤섞여 쌓인 스트로마톨라이트stromatolite인데 그 연대가 약 35억 년 전 정도로 추정해요. 지구 최초로 광합성을 한 생물이 바로 이 남세균입니다. 이때부터 지구 대기에 산소가 쌓이기 시작해요. 물론 원시 지구에도 물에는 산소 원소가 들어 있었지만 대기 중에 O_2 형태로는 없었다는 거죠. 당시에 산소가 발생했다는 증거를 어떻게 확인할 수 있을까요? 지층을 쭉 살피다 보면 산화철이 나오는 곳이 있습니다. 그렇다면 그 지층이 형성된 시기에는 대기 중 산소의 농도가 일정량 이상이 됐다는 증거죠. 산화철이 나오려면 대기 중에 어느 정도 산소가 쌓여 있어야 하니까요. 그런데 그즈음부터 다양한 생명체들이 막 나오기 시작합니다.

산소가 발생하면서 대기에 오존층이 생겨서 태양으로부터 오는 우주선cosmic ray을 막아주고, 또 산소 호흡이 가능해졌죠. 산소로 호흡하면 더 많은 에너지를 얻을 수 있습니다. 그래서 생명체가 좀 더 커질 수 있고, 민첩하게 움직일 수 있는 여건이 형성되죠. 그러니까 초기 원시 지구에 생명체가 없다가, 아마도 세균이었을 루카로부터 시작해서 많은 미생물이 탄생하면서 지구 환경이 서서히 바뀌어간 거죠. 그 과정에서 제일 혁명적인 사건은 산소를 발생시키는 광합성을 하는 미생물이 탄생했다는 것입니다. 그로 인해서 지구 환경이 급변했고, 거기서 많은 생명체가 뭍으로 올라올 수 있는 에너지를 얻었으며, 인간으로까지 이어지는 진화가 일어난 거죠.

생명의 씨앗은 우주에서 날아왔다?

영화를 보면 외계인이 지구에 와서 생명의 씨앗을 심어놓고 간 뒤, 인류가 진화하면서 문명이 발달했다는 설정이 자주 나오잖아요. 사실 저는 뭐 엄청난 기술의 우주선을 타고 외계인이 지구에 왔을 것 같지는 않아요. 만약 우주에서도 살아남을 수 있는 생명체가 있다면 지구에 혜성 충돌이 많았던 시기에 실려 왔을 수는 있겠다 하는 생각은 해보거든요. 그런데 정말 우주에서 살아남을 수 있는 생명체가 있습니까?

후보가 하나 있습니다. 앞서 나오기도 했던 데이노코커스 라디오두란스(44쪽)라는 세균인데요. 이름에 이미 이 세균의 강력한 생존력이 잘 표현되어 있습니다. 데이노는 '무시무시하다'는 뜻이고요. 코커스는 구균, 즉 동그랗다는 뜻입니다. 그러니까 무시무시한 동그란 알균인데, 라디오두란스에서 라디오는 방사능, 두란스는 견딘다는 뜻이니까, 이름 자체에 '무시무시하게 방사능에 잘 견딘다'라는 뜻이 들어 있는 겁니다.

1950년대에 미국에서 통조림을 만들 때 일입니다. 장기간 내부의 음식이 부패하지 않으려면 철저한 살균, 그러니까 멸균을 잘 해야 합니다. 세균 중 일부는 생존이 어려운 극한 상황을 만나면 내생포자endospore를 형성하거든요. 이는 물질대사가 중단된 독특한 형태의 휴면 상태를 일컫는데, 말 그대로 세포 안에 존재하는 포자를 뜻합니다. 내생포자는 다시 적합한 환경을 만나면 원래의 모습으로 돌아와서 증식을 시작하거든요. 통조림에 내생포자 같은 게 남아 있으면 큰일이겠죠. 그래서 강한 방사능으로 통조림을 멸균하는 실험을 했습니다.

연구자들은 당연히 모든 세균이 다 죽었을 거로 생각했는데 뜻밖에도 병원성은 아니지만 증식하는 세균이 있었습니다. 이 세균이 얼마나 강한 방사능을 견뎌냈는가 하면, 사람한테 치명적인 수준에서 거의 3,000배 정도까지도 버티더라는 거죠. 실제로 러시아의 체르노빌 원전 폭발 장소에서도 이 세균이 발견됐습니다. 이런 강한 생존력의 이유가 어느 정도 밝혀졌는데, 이 세균은 같은 기능을 하는 유전자를 여러 개 가지고 있어서 하나가 손상되더라도 다른 게 대체할 수 있고 치유 능력 역시 뛰어났습니다.

NASA에서 이 세균을 한 1㎜ 정도 되는 두께로 우주선 밖에 노출한 실험 결과에 따라 추론하여 우주 방사선을 맞으면서도 최대 8년까지는 살 수 있다는 논문 결과가 발표된 적이 있죠. 그런데 이 실험의 원래 목적은 따로 있었는데요. 과연 외계의 미생물이 소천체에 실려 지구에 올 수 있는지를 따져본 건데, 이 논문의 요지는 만약 이런 세균이 어떤 소천체의 틈새 같은 곳에 끼어 있다면 충분히 행성 간 미생물 이동도 가능하다는 겁니다.

그렇다면 이 추론이 어디까지 확장되냐면, 지금까지는 지구 자체에서 생명체가 기원했다는 것이 정설이지만, 마치 SF영화처럼 외계기원설도 완전히 배제할 수 없게 되죠. 생명의 씨앗이 우주에서 왔다는 주장을 판스퍼미아panspermia라고도 부르는데, 과학계에서는 아주 황당한 엉터리라고 여겼습니다. 하지만 지금은 불가능하지는 않겠구나 하는 선까지는 와 있습니다.

영화 〈프로메테우스〉(2012)의 모티브는 외계 생명체가 인류 탄생에 큰 역할을 했다고 믿는 판스퍼미아를 바탕으로 한다.

구독자들의 이런저런 궁금증 1

question 1

만약 인공일반지능AGI 로봇이 자신에게 직접 전기를 공급해서 항상성을 유지하고, 자기 복제를 해서 스스로 번식하고, 변화하는 환경에 맞춰 기능까지 개선해가며 진화한다면 우리는 이 존재를 '생명'이라고 부를 수 있을까요?
-@youngho7

생물학을 한마디로 정의하면 생명현상을 탐구하는 학문이지만 아이러니하게도 여전히 가장 기본적인 질문 "생명이란 무엇인가?"에 대해 명쾌한 답변을 내놓지 못하고 있습니다. 보통 사람들도 생명이 있는 것(생물)과 그렇지 않은 것(비생물)을 직관적으로 쉽게 구별할 수 있는데 말입니다. 사실 이러한 이분법은 생물 고유의 일부 특징에 근거한 주관적인 판단일 뿐입니다. 이런 특징, 즉 생명현상을 나타나게 하는 근본 원리는 복잡하고 난해하기 짝이 없습니다.

아주 간단하고 하찮아 보이는 단세포 생물, 예컨대 박테리아조차도 수천 개의 화학 반응을 동시에 수행합니다. 그것도 모두 오케스트라가 교향곡을 연주하듯 아름다운 조화 속에서 말이죠. 우리 몸으로 말하자면, 박테리아보다 훨씬 더 복잡한 세포가 조 단위로 모여 긴밀하게 공조하면서 생명 활동을 유지하고 있습니다. 이러한 연유로, 현재로서는 생명 개념을 어떻게 잡느냐에 따라 '이다/아니다'를 정할 수 있다고 애매하게 답할 수밖에 없는 점 이해를 구합니다.

question 2

답답할 때 한숨을 쉬는 이유가 있을까요? 심지어 저희 반려견들도 한숨을 자주 쉬더라고요.

-@yamwoo4602

숨쉬기는 산소를 공급하고 이산화탄소를 제거하는 기체 교환 말고도 중요한 기능이 많습니다. 호흡은 신진대사와 감정 상태 변화 따위와 긴밀하게 연관된 생명현상입니다. 한숨도 이를 보여주는 하나의 사례죠. '근심이나 설움이 있을 때, 또는 긴장했다가 안도할 때 길게 몰아서 내쉬는 숨'이라는 국어사전의 뜻 풀이대로, 안도 혹은 좌절과 같은 감정을 한숨으로 표현할 수 있습니다. 말로 하기 힘든 감정을 전달할 수가 있는 거죠. 인체는 자율신경을 통해 감정적 긴장을 완화하는 방법으로 한숨의 횟수와 깊이를 조절할 수 있습니다.

이처럼 한숨은 감정과 관련되지만, 중요한 생리학적 기능도 합니다. 일에 집중하다 보면 무의식적으로 한숨이 나오곤 하잖아요. '폐의 탄성도(compliance)' 감소 대한 반응입니다. 폐 탄성도란, 폐 조직이 가지고 있는 탄성을 말하는 것으로 허파꽈리 내압이 증가할 때 용적이 증가하는 성질을 말합니다. 정리해보면, 한숨은 호흡을 가다듬는 생리적 기능과 스트레스 관리 같은 심리적 기능을 수행합니다. 반려견도 마찬가지일 겁니다.

피부재생주기가 대략 28일이라고 하던데, 어릴 때 생긴 흉터는 왜 사라지지 않을까요?
-@user-ls3id4wo7u

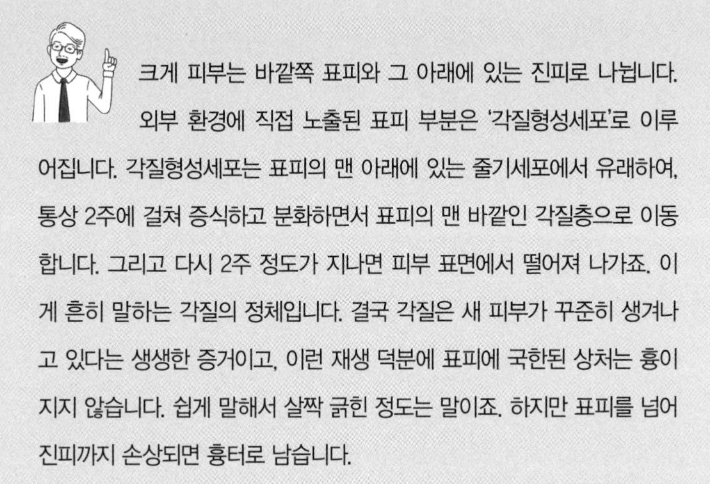

크게 피부는 바깥쪽 표피와 그 아래에 있는 진피로 나뉩니다. 외부 환경에 직접 노출된 표피 부분은 '각질형성세포'로 이루어집니다. 각질형성세포는 표피의 맨 아래에 있는 줄기세포에서 유래하여, 통상 2주에 걸쳐 증식하고 분화하면서 표피의 맨 바깥인 각질층으로 이동합니다. 그리고 다시 2주 정도가 지나면 피부 표면에서 떨어져 나가죠. 이게 흔히 말하는 각질의 정체입니다. 결국 각질은 새 피부가 꾸준히 생겨나고 있다는 생생한 증거이고, 이런 재생 덕분에 표피에 국한된 상처는 흉이 지지 않습니다. 쉽게 말해서 살짝 긁힌 정도는 말이죠. 하지만 표피를 넘어 진피까지 손상되면 흉터로 남습니다.

세상에 없던 새로운 생명이 지금도 탄생하고 있을까요? 이미 있던 생물이 진화나 분화하는 것이 아니라 태초의 생물 같은 게 여전히 탄생하는지 궁금합니다.
-@user-ps2di7ou1f

생명체를 이루기 위해서는 탄소나 수소 원소처럼 단순한 물질이 아니라 아미노산과 같이 훨씬 더 복잡한 물질이 필요합니

다. 1950년대 초에 발표된 '스탠리 밀러의 원시지구 실험' 결과는 원시지구의 대기에 존재했을 것으로 추정하는 간단한 기체 원소에서 생명체를 이루는 데 필요한 복잡한 유기화합물이 저절로 만들어졌을 가능성을 보여주었습니다. 물론 여기서부터 생명체가 탄생하려면 갈 길이 아득히 멉니다. 현재 지구 대기에 풍부한 산소가 유기화합물을 쉽게 산화하여 원시대기에서와 같은 화학 반응을 상당 부분 원천적으로 불가능하게 합니다. 기존 유기화합물이 있지 않느냐고 반문할 수 있습니다만, 세균을 비롯한 미생물이 이를 가만히 놔두지 않습니다. 이들이 에너지가 풍부한 유기화합물을 마파람에 게 눈 감추듯 섭취하여 자신들의 에너지원과 탄소원, 곧 먹잇감으로 해치울 테니까요.

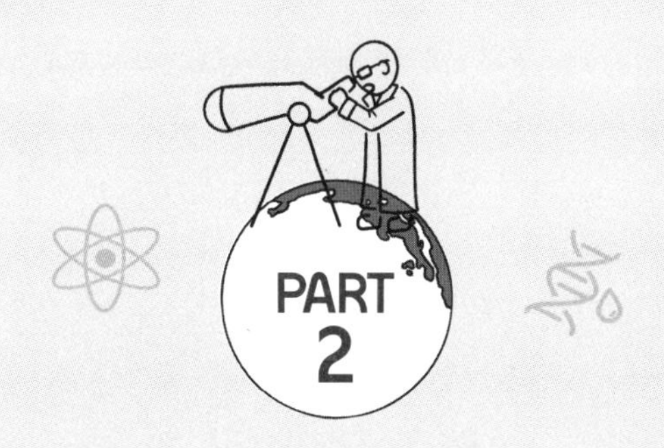

신기하고 쓸모 있는 내 몸 이야기

1kg 먹으면 몸무게도 1kg 늘어날까?

늘 이상하다고 생각하는 현상이 하나 있는데요. 예를 들어 밥을 1kg 먹으면 몸무게 역시 1kg 늘어야 하는 거 아닌가요? 그런데 식사하고 얼마 지나지 않아 몸무게를 쟀는데도 먹은 무게만큼 늘어나지 않는 것 같더라고요. 중간에 화장실을 간 것도 아니고, 그사이에 제가 땀을 흘려봤자 얼마나 흘렸겠습니까? 이건 질량보존의 법칙이라는 물리학의 절대 원리에 어긋나는 것 아닙니까? 도대체 제 몸에서 무슨 일이 벌어지는 걸까요?

사람들은 모두 비슷한 궁금증이 있나 봅니다. 얼마 전에 유튜브에서 '쯔양'이라는 크리에이터가 소위 '먹방'을 하면서 직접 저울 위에 올라가서 무려 3kg의 고기를 먹는 방송을 했어요. 실제 몸무게 변화를 보여주겠다는 건데요. 이미 16

세기 르네상스 시절 유럽에서도 똑같은 의문을 품고 이를 실험한 사람이 있습니다. 산토리오 산토리오Santorio Santorio라는 재미있는 이름의 이탈리아 의사 겸 과학자인데요. 그는 식사한 직후에는 먹은 음식의 무게만큼 거의 비슷하게 몸무게가 불어나지만, 시간이 지나면서 몸에서 배출한 대소변의 양을 감안해도 상당량의 무게가 어디론가 사라진다는 사실을 발견했죠.

그는 정확한 측정을 위해 무려 30년간 저울 위에 앉아서 식사했습니다. 대단한 집념이죠. 그는 식사 전의 몸무게와 먹을 음식의 무게, 그리고 이를 먹은 다음의 몸무게, 이후 대소변의 무게, 다시 이후의 몸무게를 측정해가면서 오랜 기간 실험을 반복했습니다. 하지만 아무리 저울의 정확성을 높여가면서 반복해서 측정해도 자신이 먹은 음식과 대소변의 양, 몸무게의 변화가 일치하지 않는다는 사실을 확인할 수밖에 없었죠. 안타깝게도 산토리오는 왜 먹는 만큼 인간의 몸무게가 늘어나지 않는지 끝내 규명해내지 못했는데요. 그저 먹은 음식이 무언가 보이지 않는 형태로 사람의 몸에서 빠져나갔을 거로 추정하고, 이 현상을 불감증산insensible perspiration이라고 이름을 붙이면서 오랜 실험을 마무리해야 했습니다.

그런데 이 불감증산이라는 미스터리는 후대 과학자들에 의해 차츰 규명되었습니다. 불감증산不感蒸散은 말 그대로 느끼지 못하는 사이에 우리 몸에서 수증기를 발산한다는 뜻이죠. 거의 모든

산토리오 산토리오

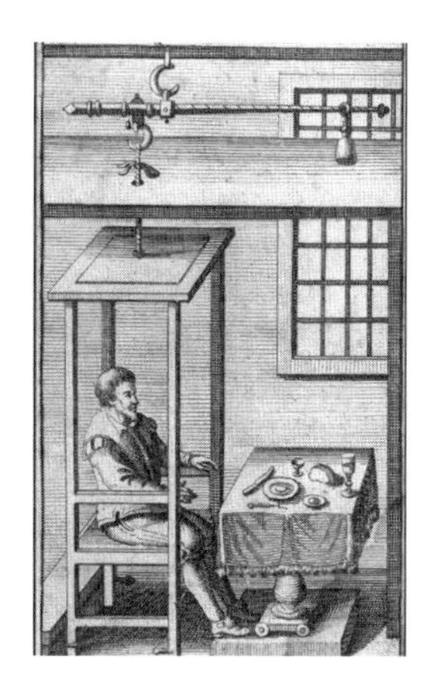

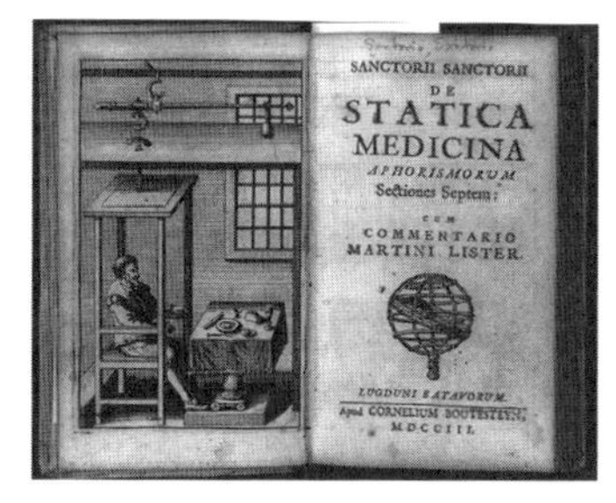

SANCTORII SANCTORII
DE
STATICA
MEDICINA
APHORISMORUM
Sectiones Septem;
CUM
COMMENTARIO
MARTINI LISTER.

LUGDUNI BATAVORUM.
Apud CORNELIUM BOUTESTEYN.
MDCCIII.

산토리오 산토리오가 테이블 앞 체중 측정 의자에 앉아 있는 모습을 그린 페이지와 『De statica medicina aphorismorum』(1703) 표지.

생명체는 아무것도 하지 않고 가만히 앉아 있더라도 생명현상을 계속합니다. 신진대사, 물질대사가 쉬지 않고 기능하면서 에너지를 소비하죠. 인간은 피부나 허파를 통해 수증기나 이산화탄소 같은 물질을 평균 잡아 매시간 대략 30g 정도를 발산한다고 합니다. 물론 체중이나 기초대사량의 차이에 따라 불감증산의 크기는 다르겠죠. 나보다 훨씬 많이 먹는 친구는 체중이 불지 않는데, 조금만 먹으려고 애쓰는 나는 자꾸 몸이 불어나는 이 괴로운 현상에 불감증산의 차이가 한몫하는 거죠.

그래서 체중을 관리하기 위해서는 식사량 조절뿐만 아니라 불감증산의 크기를 늘리는 것이 효과적입니다. 이를 위해서 기초대사량을 높여야 하는데요. 기초대사량은 사람이 아무런 신체 활동을 하지 않고 가만히 앉아만 있어도 소비되는 에너지의 양이죠. 가장 큰 영향을 미치는 것은 몸의 근육량입니다. 다이어트를 위해 식단 조절과 신체 운동을 함께해야 한다는 말에는 이런 원리가 숨어 있습니다.

사실 산토리오의 시도는 우리가 그저 엉뚱하고 신기한 실험을 한 사례로만 여길 건 아닙니다. 17세기 초반 갈릴레오가 나타나기 전까지 유럽의 과학계는 자연 질서를 이해하는 가장 주된 기준인 종교와 그로부터 파생된 주관적 관념에서 온전히 벗어나지 못했거든요. 하지만 갈릴레오는 정확한 실험과 객관적인 측정만을 기준으로 자연계를 이해하려고 시도했죠. 그때부터 갈릴레오의 영향을 받은 많은 과학자가 하나하나 객관적·개별적 실험의 측정치들을 수렴해 상위 과학이론을 정립하려는 귀납적 방법론을 채택하게 됐습니다. 산토리오 역시 구체적인 실험을 통해 생명 현상을 이해하려고 시도한 선구적인 과학자였습니다. 그는 이런 연구를 위해 체온계, 맥박계, 습도계 등을 발명한 것으로도 유명합니다.

좀비가 실제로 존재할까?

영화에서는 죽은 사람이 다시 살아나는 설정이 많잖아요. 특히 언젠가부터 좀비 영화가 정말 많이 제작되고 있는데요. 당연히 과학적으로는 가능하지 않겠지만, 한편으론 절대 말이 안 된다고 생각했던 영화 속 장면이 세월이 흐르다 보면 현실로 등장하는 일도 많아서요. 뭐, 인간의 뇌를 컴퓨터와 연결한다는 것도 그렇고, 실제 인간처럼 말하고 움직이는 로봇 같은 건 이제 조만간 나타날 거로 여겨지니까요. 좀비도 말이 안 될 건 없지 않나 싶기도 한데요. 그래도 좀비는 그저 상상 속의 존재일 뿐이겠죠?

영화에서는 신체가 훼손되어 죽거나 어느 정도 부패한 시신이 다시 살아나 움직일 때 '좀비'라고 부르죠. 그런데 실제 좀비의 기원을 살펴보면 북아메리카 카리브해에 있는 섬

나라 아이티의 부두교라는 종교에서 비롯되었습니다. 아이티는 아름다운 자연환경에도 불구하고 슬픈 역사로 인해 아직도 고통받고 있는 나라인데요. 15세기 말 탐험가 콜럼버스가 이 섬을 발견한 이후, 침략자들이 묻혀 온 병균 때문에 이에 대한 면역이 없던 원주민 99%가 죽었고 살아남은 원주민들은 거의 학살당했죠. 이로 인해 일할 사람이 필요했던 유럽 제국주의자들은 서아프리카의 흑인 노예들을 대거 실어 날랐고, 이때 백인들이 주입한 가톨릭교과 아프리카의 토속 신앙이 합쳐져 부두교라는 특이한 종교가 탄생했습니다. 자연과 인간사의 여러 수호 정령들을 숭배하는 종교입니다.

그 당시 흑인 노예들은 인간보다는 짐승에 가까운 대우를 받았는데, 참혹한 노동에 시달리다 보니 평균 수명이 스무 살에도 미치지 못할 정도였죠. 그러다 보니 흑인 노예들의 반란이 종종 일어났습니다. 백인 농장주들은 지시에 무조건 절대복종하는 노예를 원했고, 이러한 수요와 부두교가 만나 좀비라는 끔찍한 풍습이 생겨났다고 합니다. 흑인 노예 스스로 자신은 이미 죽어서 영혼을 빼앗겼고, 따라서 명령에 복종해야만 하는 존재라고 생각하도록 세뇌시키는 거죠. 이게 가능할까 싶지만, 그 과정을 들여다보면 그럴 수도 있겠다는 생각이 듭니다.

이 풍습을 연구하기 위해 아이티로 떠난 하버드대학 출신 민속학자 웨이드 데이비스Wade Davis의 주장에 따르면, 먼저 희생자에게 복어의 독 테트로도톡신이 주성분인 좀비 파우더를 치사량에 가깝게 투여합니다. 희생자의 호흡이 줄어들고 체온이 떨어져 안색이 퍼렇게 변해서 가사 상태가 되면 사망했다고 선언한 뒤 묘지에 묻습니다. 그리고 약효가 풀릴 때쯤 한밤중에 묘를 파헤쳐서 희생자를 꺼내어 다시 독말풀이 함유된 약물을 먹이고 이름을 부르면서 폭행을 가한다고 합니다. 이미 아이티 사회에 널리 퍼져 있는 좀비라는 풍습을 인지하고 있던 희생자는 독극물에 의한 뇌 손상과 폭력적인 세뇌 과정으로 인해 정상적인 사고력을 잃고 자신은 이제 좀비라고 스스로 믿게 된다는 거죠. 그리고 다른 지역에 좀비 노예로 팔려나갑니다. 좀비 노예를 사 간 백

웨이드 데이비스가 좀비의 기원을 추적하여 쓴 『나는 좀비를 만났다』(메디치미디어, 2013). 아이티의 살아 있는 시체와 독약, 정치와 종교에 관한 이야기가 생동감 있게 펼쳐진다.

인 농장주는 이후에도 희생자에게 주기적으로 마약성 약물을 먹여 환각과 어지럼증을 일으켜 자신이 좀비라는 믿음이 사라지지 않게 한다고 합니다. 정말 끔찍하고 천인공노할 만행입니다.

죽은 사람이 무덤에서 다시 살아날 수도 있다는 두려움 자체는 아이티만이 아니라 여러 문화권에도 존재했습니다. 최근에 발굴된 17세기 폴란드 무덤에서는 엎드린 채, 그러니까 바닥을 바라보는 자세로 발목에 자물쇠가 채워진 아이 유해가 발굴되었는데요. 시체가 깨어나 앞쪽으로 흙을 파헤쳐 무덤에서 빠져나오지 못하게 예방 조치를 해놓은 것으로 추정하죠. 당시는 의학이 발달하지 않아 정확한 사망 판정을 하지 못해 죽은 줄 알고 땅속에 묻었던 사람이 다시 깨어나 관을 두드리는 사례도 있었다고 하니 이런 믿음이 더 쉽게 퍼져 나갈 수 있었을 겁니다.

동양에도 좀비와 비슷한 개념이 존재합니다. 바로 강시僵屍인데요. 죽어서 관 속에 들어간 시체가 다시 살아나 오뚝이처럼 뛰어

다니면서 사람을 공격합니다. 쫓기던 사람이 위기일발의 순간에 특정 주술이 담긴 부적을 강시의 이마에 붙이면 꼼짝 못 하고 굳어버리죠. 제가 어렸을 때는 이런 내용이 담긴 강시 영화가 많이 만들어졌는데 무서우면서도 유머러스해서 무척 재미있게 봤던 기억이 납니다. 좀 엉뚱하지만 강시는 잊히고 좀비가 대세가 된 문화 현상이, 마치 동양 문화가 서양 문화에 잠식되는 것 같다는 생각도 드네요.

뭐, 어찌 됐든 과학적으로 좀비는 설명할 수 없는 존재인 것은 확실하죠. 영화에서처럼 그렇게 서로 물고 물리면서 빠르게 증상이 발현되고 퍼져 나가는 바이러스는 아직 발견된 적이 없습니다. 생명이 다해 시체가 되면 대략 이삼일 동안 사후경직 현상으로 모든 근육이 뻣뻣하게 굳어버리기 때문에 그렇게 곧바로 움직일 수도 없겠죠. 근본적으로 심장이 뛰지 않아 혈액 순환이 되지 않는데 어떻게 근육을 구성하는 세포에 영양분이 공급되겠습니까? 좀비를 어떤 문화적 현상으로 보고 연구할 수는 있겠지만 생물학의 분석 대상으로 삼는 건 아무래도 무리겠죠.

인간은 영원히 살 수 있다, 없다?

'100세 시대'라는 말이 유행입니다. 제가 어릴 때만 해도 주변에서 90세를 넘는 어르신을 보는 건 무척 어려운 일이었거든요. 그런데 어느새 우리 사회의 평균 수명이 80세를 넘고, 특히 여성의 경우는 85세를 넘거든요. 실제로 90세가 넘는 어르신도 어렵지 않게 찾아볼 수 있고요. 과거 중세 유럽이나 우리 조선 시대 때 사람들은 현대의 인류를 보면 놀라서 입을 다물지 못할 겁니다. 그렇다면 언젠가는 인류가 아예 죽지 않고 살 수 있는 미래가 펼쳐질 가능성도 있지 않을까요?

먼저 인간이 생물학적으로 최대한 살 수 있는 기간이 얼마나 될지부터 살펴볼까요? 실제 사례를 찾아보는 것도 한 방법이겠죠. 근대 이전까지만 해도 개인의 출생과 사망 기록이 공적으로 잘 관리되지 않았습니다. 150살을 넘겨 살았다던가, 심지어 2백 살을 넘겨 살았다고 전해지는 사람들이 있긴 하지만 과학적 관점에서는 믿기 힘듭니다. 명확한 출생일과 사망일이 기록되어 있어서 전 인류 가운데 가장 오래 살았다고 공식적으로 인정받은 사람은 프랑스 여성 잔 루이즈 칼망Jeanne Louise Calment입니다. 그녀는 1875년 2월에 출생한 후 1997년 8월에 사망하여 122년 164일을 생존했죠.

현재 살아 있는 사람 중 가장 고령자는 스페인의 마리아 브라냐스 모레라Maria Branyas Morera 할머니로 1907년 3월에 출생했습니다. 2024년 4월 기준, 만 117세를 넘긴 거죠. 우리나라로 치면 고종 황제가 통치하던 대한제국 시절일 때 태어나서 지금까지 살아 있는 겁니다. 이분이 6년만 더 생존한다면 새로운 기록이 세워지겠죠. 그러니까 극히 예외적이긴 하지만 실제 사례로 살펴본 인간 수명의 최대 한계는 대략 120세가량으로 볼 수 있겠죠.

40세 무렵의 잔 루이즈 칼망.
출처: 위키피디아

2016년에 미국 알베르트 아인슈타인 의대 연구팀은 인간의 평균 수명 한계가 115세라는 연구 논문을 《네이처》에 발표했습니다. 하지만 곧바로 인간 수명의 한계를 그렇게 섣불리 단정할 수 없다는 독일 막스 플랑크 인구학연구소 제임스 바우펠James Vaupel 교수의 비판이 제기됐습니다. 그는 설혹 한계가 있다 하더라도 120세 이상이며, 그런 식의 한계가 존재하지 않을 수도 있다고 말했죠. 캐나다 맥길대학의 지그프리드 헤키미Siegfried Hekimi 교수는 2300년이 되기 전에 150세까지 사는 사람이 나올 수 있다고 예상했고, 덴마크 코펜하겐대학의 마르텐 로징Maarten Rozing 교수는 사람의 절대적 수명에 한계 같은 건 존재하지 않는다고 주장했습니다.

이외에도 다양한 근거로 인간 수명의 한계를 설명하는 이론들이 많습니다. 염색체 말단을 보호하는 텔로미어telomere*라는 조직이 점점 사라지면서 인간 세포가 약 50회 분열을 반복한 뒤 소멸하는 것을 그 근거로 제시하거나 여러 동물의 수명을 조사하여 분석한 결과 평균 수명이 발육 기간의 약 5~6배와 일치한다는 근거를 내놓기도 합니다.

놀랍게도 인간이 영원히 살 수 있다고 주장하는 레이 커즈와일Ray Kurzweil이라는 과학자도 있습니다. 그는 연도까지 특정하여

---

* 염색체의 끝부분에 있는 보호 구조로, 쉽게 말해 신발 끈의 끝을 딱딱하게 해놓은 부분에 비유할 수 있다. 세포가 분열할 때마다 중요한 유전정보가 사라지지 않도록 보호막 역할을 수행하며 세포가 분열할수록 길이가 짧아지면서 세포의 수명을 결정짓는다.

2045년이 되면 기술적 특이점technological singularity, 즉 모든 인류의 지성을 합친 것보다 더 뛰어난 초인공지능이 출현해서 인간은 영생을 누릴 수 있다고 예측했죠. 또 인간의 유전자를 세포 단위에서 조작하는 나노로봇이 개발되어 모든 질병이 사라지고, 더 나아가 인간의 두뇌가 인공지능과 연결될 거라고 말합니다. 개인의 의식이 온전히 인공지능 속으로 옮겨갈 수도 있다고 했죠. 물론 그런 형태가 영생의 한 방법인지는 모르겠지만 말입니다. 실제로 일론 머스크가 설립한 뉴럴링크라는 회사는 원숭이의 뇌에 컴퓨터 칩을 이식하여 수동조작 없이 생각만으로 간단한 비디오 게임을 하는 영상을 공개하기도 했죠. 그리고 놀랍게도 이 글을 쓰는 2024년 2월에 BCI 칩을 익명의 실험 참가자 뇌에 이식하는데 성공했다는 뉴스가 보도됐습니다. BCI는 Brain-Computer Interface의 머리글자로 인간의 뇌와 컴퓨터를 직접 연결하여 상호작용이 가능하도록 만드는 장치라는 뜻입니다.

레이 커즈와일의 주장이 우리에게는 공상과학 영화 속 이야기처럼 허무맹랑하게 들리지만, 그저 무시할 수만은 없는 것이 그가 현대 컴퓨터와 인공지능 발전에 지대한 영향을 미친 뛰어난 과학자이기 때문입니다. 그는 70대 중반을 넘긴 나이임에도 2045년까지 생존하기 위해 하루 100여 알이 넘는 각종 영양제를 복용하고 건강식과 운동에 전념하는 것으로 알려져 있습니다. 2045년이면 레이 커즈와일은 100세에 가까워지는데, 그보다

오래 살아남는다면 우리에게도 과연 영생의 가능성이 있을까요?

저는 생물학자로서 레이 커즈와일의 주장에 동의하기 힘들지만, 만약 인간에게 자연적으로 사망하는 시기가 찾아오지 않고, 일부러 선택하지 않는다면 죽을 수 없는 운명이 찾아온다면 그리 행복하지만은 않을 수 있다고 생각합니다. 우리에게는 이미 충분한 시간이 주어져 있잖아요. 수명이 짧아서 원하는 일을 하지 못한다는 한탄은 어쩌면 의지 부족을 감추는 핑계일 수 있다고 생각합니다. 죽음이 기다리고 있음을 알기에 인간은 최선을 다해 살아가고, 또 서로를 사랑할 수 있는 게 아닐까요?

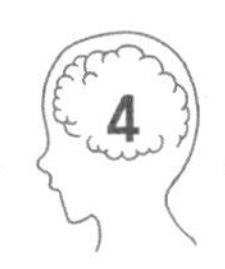

한 알만 먹어도 배부른 알약이 있다면?

세 끼 밥 챙겨 먹는 것도 일처럼 느껴질 때가 있는데요. 미래가 배경인 영화를 보면 알약 하나만 먹어도 배가 부른 장면이 나옵니다. 우주선을 탄 우주비행사들이 식사 대신 알약을 먹기도 하고요. 또 요즘은 다이어트 때문에 영양소는 빠짐없이 챙기면서 살은 찌지 않는 알약 같은 것에 관심이 많은 것 같더라고요. 많은 사람이 꿈꾸는 일이긴 한데 정말 과학적으로 이런 알약이 가능할까요?

영화뿐만 아니라 소설이나 만화에서도 그런 만능 음식에 관한 판타지가 종종 등장하죠. 암울한 미래의 계급사회를 그린 올더스 헉슬리의 소설 『멋진 신세계』에서는 호르몬 비스킷이나 비타민이 든 배양육, 성호르몬 껌이 나오고, 지금도 인기가 많은 만화 『드래곤볼』에는 '선두'라고 불리는 콩 한 알을 먹으면 곧바로 상처가 낫고 체력이 회복되죠. 판타지 영화 〈반지의 제왕The Lord Of The Rings〉(2001)에서는 요정들이 만드는 신비한 빵 '렘바스'가 나오는데요, 몇 달 동안 상하지도 않고 한 입만 먹어도 배가 부르죠. 과학 문명이 무서운 속도로 발전하는 지금, 어디선가는 이런 음식도 충분히 만들 수 있지 않을까 하는 생각을 할 수 있겠죠.

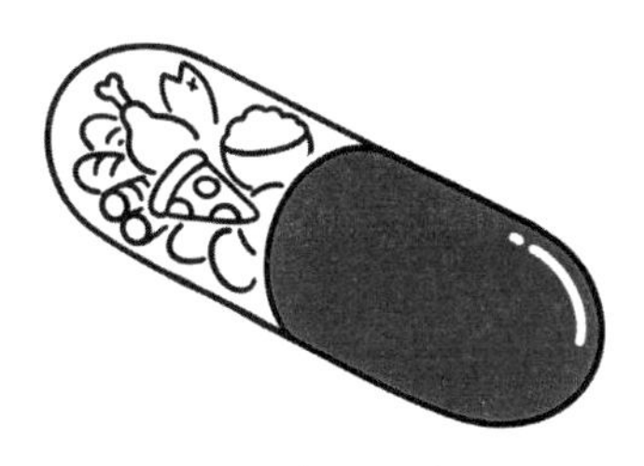

알약 한 알로 10일을 버틸 수 있다면?

엄청난 의학적 효과까지는 잘 모르겠지만, 식사 대용 알약이라면 과학적으로도 실제 가능할 것 같습니다. 일단 포만감을 준다면 마음껏 식사한 것처럼 배가 부르다고 느낄 테고, 우리 몸에 필요한 영양소는 알약에 충분히 담을 수 있을 테니까요. 하지만 이런 생각도 드네요. 만약 어떤 상해를 입거나 특정 질환으로 정상적으로 음식을 섭취하기가 힘든 경우에는 큰 도움이 되겠지만, 음식을 먹고 소화하는 기능에 아무런 이상이 없는데도 일상적으로 그런 알약으로 끼니를 해결한다는 건 생물학자의 관점에서

권하고 싶지 않습니다.

충분한 영양소를 공급받을 수 있다고 해도 알약 하나로 먹고 산다는 건 그로 인해 파생되는 다른 문제들을 고려해봐야 합니다. 또 다른 건강상의 문제를 일으킬 가능성은 없는지 잘 따져봐야 합니다. 우선 음식 섭취와 관련하여 우리 몸이 진화해온 기능과 해부 구조를 살펴보면, 음식을 씹는 것부터 소화하고 배설하기까지 우리 몸의 식도, 위장, 쓸개, 소장, 대장에 이르는 많은 신체 기관이 관여해 열심히 일하고 있습니다. 그런데 이런 기관이 갑자기 일을 하지 않는다면 과연 어떤 일이 벌어질까요? 아직 이런 실험을 했다는 학계의 보고는 찾아볼 수 없으니 아무도 그 결과를 장담할 수 없을 것입니다.

이보다 더 심각한 문제는 인간의 몸은 인간만의 것이 아니라, 여러 세입자가 살고 있다는 데 있습니다. 사실 인간은 몸속 미생물과 공생 관계를 이루고 있거든요. 체내 미생물의 균형이 깨진다면 생명을 위협하는 심각한 질환이 발생할 수도 있습니다. 그런데 몸의 주인이 달랑 알약 하나만 먹는다면 공생하는 미생물은 무얼 먹고 살아야 할까요? 인간의 역사를 살펴보더라도 먹고살기가 힘들어지면 폭동이나 혁명이 일어나잖아요. 이건 저의 추측인데요. 장내 미생물도 공생 관계인 인간이 알약 하나 먹고 혼자만 살겠다고 나서면, 아마도 가만히 굶어 죽진 않을 겁니다.

단기적으로 인간이 식사를 하는 대신 알약으로 먹고사는 건

가능하지만, 그런 라이프스타일이 일상이 된다면 우리 몸에 무리가 발생하리라 생각합니다. 바쁜 업무에 쫓기거나 반복해서 삼시 세끼를 챙겨 먹어야 하는 부담감에서 그런 생각을 할 수는 있겠지요. 하지만 인간이 누리는 가장 큰 즐거움 중 하나가 먹는 데서 오는 만족감이잖아요. 살아가면서 너무 능률과 효율만을 따질 것이 아니라 한 끼의 식사를 통해 얻을 수 있는 행복과 자연의 섭리에 감사하는 자세를 지녀도 좋을 것 같습니다.

인간은 왜 오른손을
더 많이 사용하게 됐을까?

제가 어렸을 때 왼손으로 밥을 먹거나 하면 어른들에게 혼났던 기억이 납니다. 이제 와서 생각해보면 그게 혼날 일인가 싶긴 한데, 오히려 지금은 왼손잡이 그러면 뭔가 더 멋있게 느껴지더라고요. 그런데 저만 그런지는 모르겠지만, 주변에서 왼손잡이를 만난 적이 있는지 기억조차 잘 나질 않네요. 유독 외국 영화를 보면 주인공이 왼손으로 글씨를 쓰거나 식사하는 장면이 많더라고요. 인간만 오른손을 주로 사용하는 건가요, 아니면 동물도 한쪽 손을 더 많이 사용하는 건가요? 그리고 왜 하필 오른손인가요?

미국의 손 전문 외과 의사 쇼 윌기스는 저서 『손의 비밀』에서 "환경에 손이 접촉할 때 삶이 발생한다"라고 말합니다. 인간이 만물의 영장이 될 수 있었던 데는 손의 기능이 발달한 덕분이 무척 큽니다. 그 증거로 인간은 어떤 동물도 하지 못하는 손동작 하나를 할 수 있는데요. 우리와 비슷한 모양의 손을 가진 유인원도 할 수 없는 동작이죠. 바로 엄지가 나머지 모든 손가락과 맞닿을 수 있다는 겁니다. 이렇게 섬세한 동작을 하기 위해서 우리 몸은 손에 많은 투자를 했습니다.

성인 몸을 이루는 뼈의 개수가 총 206개인데, 한쪽 손에 27개의 뼈가 들어 있습니다. 양손을 합하면 무려 54개, 즉 전체 뼈의 4분의 1 이상이 손에 몰려 있는 거죠. 그래서 인간은 손으로 매우 정교한 작업을 할 수 있습니다. 신경망 역시 엄청나게 많고 잘 발달해 있어서 촉각이 무척 예민하고 땀샘도 많아서 적당히 촉촉한 상태로 미끄러지지 않고 물건을 잡아서 조작하거나 옮길 수 있죠.

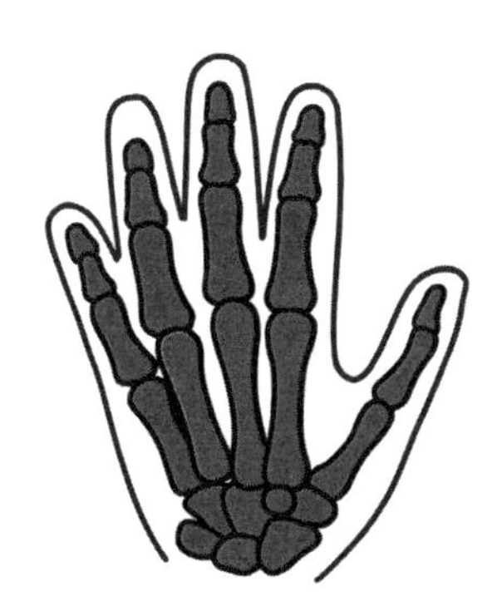

27개의 뼈, 24개의 근육, 32개의 관절로 설계된 손

혹시 '다른손잡이'라는 말을 들어본 적 있나요? 양손잡이와 구분되는 말인데, 일의 종류에 따라 더 숙련된 손이 따로 있는 사람을 부르는 말입니다. 양손잡이가 양쪽 손으로 같은 솜씨의 글씨를 쓸 수 있는 사람이라면, 다른손잡이는 글씨는 왼손으로 쓰지만 밥은 오른손으로 먹는 사람이죠. 이게 무슨 의미냐면, 사람은 엄마 배 속에서 어느 쪽 손을 더 잘 사용할지가 정해져서 태어나긴 하지만 나중에라도 훈련하면 원하는 만큼 충분히 양손을 자유롭게 사용할 수 있다는 거죠.

몸의 왼쪽을 주로 사용하는지 아니면 오른쪽을 주로 사용하는지는 손에만 해당하는 이야기가 아닙니다. 좌우대칭을 이루는 신체 기관, 즉 손뿐만 아니라 발, 눈, 어금니 등도 주요 사용 방향이 정해져 있습니다. 자신이 각 기관의 어느 쪽을 주로 사용하는지를 늘 인식하면서 반대쪽 역시 의식적으로 사용하려고 노력하면 몸의 균형을 위해 도움이 되겠죠. 주로 오른손잡이가 오른발잡이, 오른눈잡이, 오른어금니잡이이긴 합니다. 다시 자세하게 설명하겠지만, 이렇게 오른잡이, 왼잡이가 생겨나는 이유는 좌뇌와 우뇌의 기능 차이와 관련이 있습니다.

우리나라는 왼손잡이가 전체 국민 중 약 5%에 해당하고, 전 세계적으로는 한 10% 정도가 왼손잡이라고 알려져 있습니다. 그러니까 오른손잡이가 압도적으로 많다는 이야기죠. 도대체 왜 그럴까요?

이를 알아보기 위해 인류학자들이 재미난 실험을 하나 했습니다. 고대에 사용된 석기 역시 오른손잡이와 왼손잡이가 만들었을 때 각도나 모양이 다르다는 데서 착안한 실험입니다. 연구진은 오른손잡이와 왼손잡이 현대인들에게 각각 원시적인 방식으로 고대와 같은 형태의 석기를 만들게 했습니다. 그리고 그 결과물을 인류 역사의 흐름에 따라 실제 각 시기의 유물들과 비교해보니 아주 흥미로운 점을 발견했습니다. 오른손잡이가 만든 석기와 왼손잡이가 만든 석기의 숫자가 비슷하더니 대략 60만 년 전부터 오른손잡이가 만든 석기의 숫자가 훨씬 많아지는 쏠림 현상이 나오더라는 겁니다. 잘 알려진 대로 우리 좌뇌는 오른쪽 몸을, 우뇌는 왼쪽 몸을 관장합니다. 그러니까 60만 년 전쯤에 인류의 좌뇌가 우뇌보다 더 활성화하는 어떤 사건이 있었던 게 아닐까 추측해볼 수 있죠. 그렇다면 실제로 무슨 일이 벌어졌던 걸까요?

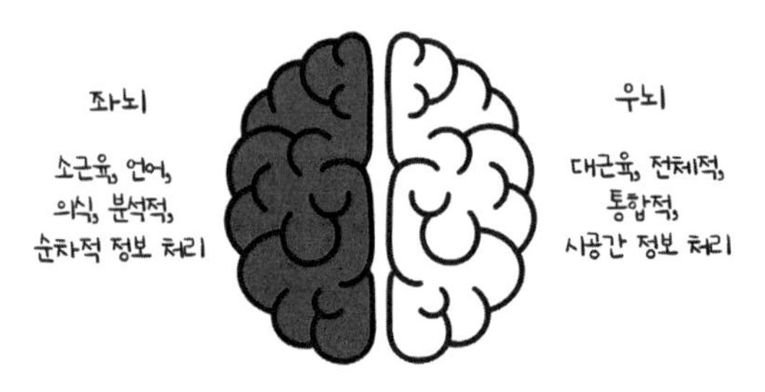

상당히 설득력 있는 주장을 하나 소개하겠습니다. 인간이 다른 동물과 구분되는 가장 중요한 특징이 복잡하고 세련된 언어를 사용한다는 겁니다. 언어학자들은 동굴 벽화나 뼈에 새긴 무늬 등을 살펴보면 적어도 대략 4만 년 전부터는 인류가 일정 수준을 넘어서는 정교한 언어를 사용했을 거로 추정합니다. 하지만 복잡하지 않은 제한적 형태의 초기 언어를 사용했던 시기는 대략 200만 년 전까지도 거슬러 올라갈 수 있는데, 아마 언어 사용을 담당하는 좌뇌가 60만 년 전쯤에 급속히 발달하면서 오른손잡이 쏠림 현상이 나타나지 않았을까 추론하는 거죠. 하지만 그 이후로도 상당한 비율의 왼손잡이가 존재하는 이유를 완벽히 설명하지는 못하는 문제가 있습니다.

오른손을 바른손이라고도 합니다. 영어로도 오른손을 'right hand'라고 하죠. 오래전부터 모든 문화권에서 오른손잡이를 선호하는 경향이 있었습니다. 오른손잡이가 다수를 차지한 사회의 구성원들이 소수인 왼손잡이에 대해 차별의식을 품고 있었다는 증거겠죠. 생물학적으로 보면 오른손잡이와 왼손잡이의 차이는 혈액형이나 피부색의 차이와 마찬가지로 자연스러운 생물학적 특징일 뿐입니다. 그러니까 어느 쪽이 더 좋다거나 나쁘다거나 하는 가치판단이 개입할 여지가 없습니다.

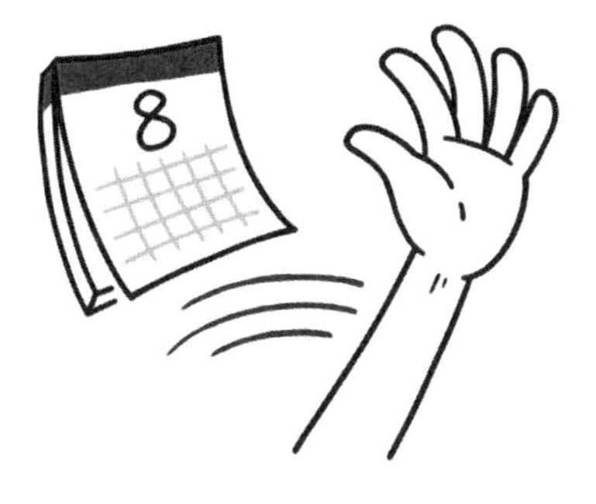

죽은 사람을 다시 살리는 실험을 했다고?

과학 분야에서는 실험을 통한 증명이 꼭 필요하잖아요. 그런데 과학의 역사를 살펴보면 일반인의 시각에서는 미친 짓으로 보이는 실험을 하는 과학자들도 있더라고요. 생물학 분야에서도 뭔가 이런 실험까지 했어야 했나 싶은 게 있을 것 같은데요.

19세기 초 유럽에는 '갈바니즘galvanism'이라는 이론이 유행했습니다. 애초에는 전기 자극과 근육 수축 사이의 관계에 관한 이론이었는데 나중에는 시체에 전기를 흘리면 다시 살려낼 수 있다는 다소 무모하고 황당한 생각으로까지 이어졌는데요. 갈바니즘은 이탈리아 볼로냐대학 해부학과 교수였던 루이지 갈바니Luigi Galvani가 우연히 발견한 하나의 현상에서 비롯되었습니다. 그는 이미 죽은 개구리의 뒷다리에 전기 자극을 주었더니 움찔하면서 움직이는 걸 발견했습니다. 해부까지 한 개구리 사체가 다시 살아난 것처럼 움직였으니 깜짝 놀란 거죠.

처음에 그는 대기에 존재하는 전기가 원인이라고 생각했지만 밀폐된 방 안에서 개구리가 놓인 철판에 단순히 철사를 접촉했을 뿐인데도 경련을 일으키자 개구리 몸 자체에서 전기가 발생한 것으로 믿었습니다. 그래서 그는 이 현상을 정리하여 1791년에 익명으로 「전기가 근육 운동에 미치는 영향에 대한 해설」이라는 논문까지 발표하죠. 물론 이후에 밝혀졌는데, 개구리 몸에서는 자체적으로 전기가 발생하지 않고 개구리 다리는 그저 미세하게 흐르는 전기에 반응했을 뿐이었죠. 그래서 지금 아주 약한 전류나 전압을 검출하는 장치를 '갈바노미터galvanometer'라고 부릅니다.

갈바니의 동물 전기 이론은 오류로 밝혀졌지만, 그가 실험 과

정에서 추론한 신경과 뇌 속 뉴런이 작동하는 원리는 후대의 과학자들에게 많은 도움을 주었습니다. 또 개구리 심장에 전류를 흘려 수축 반응을 관찰한 기록은 오늘날 전기 충격으로 심장 박동을 다시 뛰게 만드는 응급처치 방법과 심장의 박동 리듬을 정상적으로 조정하는 심장 제세동기의 발명으로 이어졌지요. 갈바니는 굳세게 생물의 몸 자체에서 전기를 발생시킨다는 이론을 고수했는데, 전기가 흐르는 건 종류가 다른 개별 금속 사이의 전기적 위치에너지 차이, 즉 전위차 때문이라고 주장하는 알레산드로 볼타Alessandro Volta와 치열한 논쟁을 벌이기도 했습니다. 결국 볼타가 승리하며 전기를 저장해서 편리하게 사용할 수 있는 전지의 발명으로 이어졌죠. 현재 우리가 전압의 단위로 사용하는 볼트Volt는 바로 알레산드로 볼타의 업적을 기리기 위해 만든 이름입니다.

문제는 루이지 갈바니의 조카인 의사 겸 실험물리학자 지오반니 알디니Giovanni Aldini의 끔찍한 실험이었습니다. 그는 삼촌과 달리 개구리 사체의 뒷다리가 아닌 실제 사람의 시체로 실험을 감행했습니다. 그는 시체에 전기 자극을 주면 생명을 불어넣을 수 있다고 사람들을 현혹했습니다. 처음에는 유럽 각지를 돌아다니면서 소나 돼지, 양 같은 동물의 사체에 고압 전류를 흘려보내는 공개 실험을 했죠. 사람들은 동물 사체의 눈동자나 얼굴 근육이 움찔거리는 걸 보면서 놀라워했죠. 이탈리아에서는 참수형을 당한 인간 시신을 구해 전기를 흘려 움직임을 만들어냈습니다. 그리고 마침내 1803년 런던에서 교수형을 당한 범죄자 조지 포스터의 온전한 시신으로 생명을 되살려보겠다며 공개 실험을 했습니다. 그 과정에서 흉악한 범죄자의 턱이 떨리기 시작하고 얼굴 근육이 끔찍하게 일그러지더니 마침내 한쪽 눈이 번쩍 뜨였다고 합니다. 심지어 오른손이 들리더니 주먹을 움켜쥐고 다리와 허벅지에 경련까지 일으켰죠. 하지만 당연하게도 범죄자는 되살아나지 않았습니다.

전해지는 이야기에 따르면 이 끔찍한 실험을 지켜보던 여섯 살 소녀가 있었습니다. 바로 『프랑켄슈타인』을 쓴 메리 셸리입니다. 『프랑켄슈타인』은 그녀가 1815년 18세가 되었을 때 쓴 인류 최초의 SF 소설이지요. 지오반니 알디니의 끔찍했던 실험이 지금까지도 널리 읽히는 무시무시한 SF 공포소설로 탄생한 겁니다. 시체를 이어 붙여 끔찍한 괴물을 탄생시킨 소설의 주인공 프랑켄슈타인 박사의 현실 속 모델이 바로 지오반니 알디니였던 셈이죠.

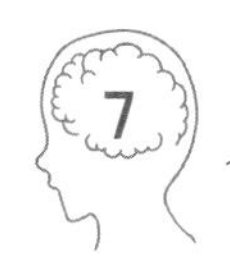

인류 역사상 가장 무서운 전염병은?

전염병이라고 하면 듣기만 해도 무섭잖아요. 하지만 지금은 주변 환경이 과거보다 훨씬 깨끗해져서인지 기껏해야 독감 정도 걱정하면서 살았는데, 난데없이 코로나바이러스를 겪었잖아요. 전염병이 정말 얼마나 무서운 건지 새삼 깨달았습니다. 심지어 전 국민이 마스크로 얼굴을 가리고 다니는 게 일상의 풍경이 될 정도였으니까요. 사실 코로나가 한창일 때 저는 앞으로 마스크를 벗는 날이 다시는 안 올까 봐 걱정했습니다. 인류 역사를 돌이켜볼 때 가장 무서웠던 전염병으로 뭐가 있을까요?

역사상 인류를 가장 공포에 빠트린 건 13~14세기 중세 유럽에서 4년 사이 인구의 3분의 1에 가까운 목숨을 빼앗은 페스트균yersinia pestis이 있습니다. 피를 토하고 피부가 까맣

게 썩어 들어가면서 죽는다고 해서 흑사병black death이라고도 부르죠. 주로 페스트균을 지닌 쥐벼룩에게 물리거나, 감염자의 기침과 체액을 통해 전염됩니다. 특히 하수 처리 시설이 없어서 오물이 널려 있고 쥐가 들끓었던 중세 유럽에서는 일단 페스트 환자가 발견되면 주변 모든 사람에게 빠르게 전염됐을 겁니다.

병의 진행 속도 또한 무서울 정도로 빨라서 근방의 모든 사람이 갑자기 피를 토하고 피부가 까맣게 변하면서 쓰러져 죽어버리니 얼마나 무섭고 끔찍했을지 감히 상상이 되지 않습니다. 그때의 과학 지식으로는 그저 신이 벌을 내려 세상이 종말을 맞았다고 생각할 수밖에 없었을 겁니다. 특히 폐렴성 페스트는 일단 증상이 나타나면 1~3일 만에 사망하고 치사율이 90%를 넘습니다. 인류가 발견한 병균 중 가장 빠르게 사람을 죽이는 것 중 하나가 바로 페스트균이죠. 최근에도 중국과 몽골에서 감염 사례가 발

7세기 유럽에서 페스트를 치료하는 전문 의사들의 모습. 몸을 최대한 밀폐하고 새의 부리를 연상시키는 마스크를 썼다. 지팡이는 시신을 확인하고 페스트 환자들을 떼어내는 데 쓰였다.

생해서 아직 안심해서는 안 될 감염병입니다.

사실 기원전부터 수천 년 동안 인류를 괴롭혔던 가장 잔혹한 범인은 따로 있습니다. 바로 천연두 바이러스죠. 예전 아날로그 시절에는 대여점에서 비디오테이프를 빌려 영화를 봤는데, 그때 영상을 재생하면 항상 첫머리에 불법 영상 시청을 경고하는 공익 광고가 흘러나왔습니다. "호환, 마마보다 무서운 ○○○"에서 마마가 바로 천연두의 다른 이름입니다. 일단 병에 걸리면 달리 어찌할 방법이 없어 그저 곱게 물러가기만을 기도해야 했기 때문에 지위가 높은 상전 부르듯이 '마마'라고 부른 거죠.

천연두는 기원전 이집트 파라오의 미라에서 발견될 정도로 오랫동안 인류를 괴롭혀왔습니다. 천연두는 호흡과 기침으로 공기 중에 내뿜는 바이러스를 통해 전염되고 감염자의 대략 30%가 감염 후 둘째 주 무렵에 사망하죠. 16세기 유럽 스페인의 침공을 받은 중남미 원주민들은 면역이 전혀 없어 치사율이 100%에 육박하기도 했습니다. 전문가들은 역사적으로 이 바이러스에 희생된 인류가 10억 명을 훌쩍 넘을 거로 추정하죠. 천연두는 일단 증상이 나타나면 고름이 들어찬 빨간색 물집이 온몸에 돋아납니다. 실제로 보면 끔찍해서 무서울 정도죠. 나중에 병이 낫더라도 얼굴을 포함한 온몸에 흉터로 얽은 자국이 남아 대부분 곰보가 되었습니다. 현재 나이가 50대 무렵이라면 어릴 때 이렇게 얼굴에 흉터가 남은 분들을 종종 본 기억이 있을 겁니다. 지금은 그런 사람을 전혀 찾아볼 수 없는데요. 그 이유가 있습니다. 인류가 완전히 박멸했다고 간주하는 바이러스거든요. 1977년부터는 천연두에 걸린 사람이 나타나지 않고 있고, 1980년 5월에는 세계보건기구WHO가 천연두의 완전 박멸을 선언했습니다.

천연두 바이러스

이로 인해 사망한 인류가 10억 명을 훌쩍 넘을 거로 추정한다.
대대적인 백신을 접종하여 1977년 지구상에서 사라졌다.

자신의 나이가 대략 50대 이상이라면 왼쪽 팔뚝 위쪽에 아직도 어릴 적 맞은 천연두 백신 주사의 흔적이 남아 있는 분이 많을 겁니다. 둥그렇게 구멍 자국이 모인 흉터죠. 또 볼록 솟아오른 흉터가 있을 텐데, 이는 결핵 예방백신BCG이 남긴 흔적입니다. 현재 나이가 대략 40대 이상이라면 누구나 초등학생 때 공포를 느껴야만 했던 일명 '불주사'의 흔적이죠. 1990년대부터는 아주 짧은 길이의 바늘 9개로 도장을 찍듯이 백신 접종을 해서 마치 소림사 스님 이마에 있는 것 같은 흉터가 남죠. 이걸 두 번 찍어서 피부에 총 18개의 흔적을 남기죠. 문제는 결핵은 백신 접종으로 완전한 면역을 갖출 수 없다는 겁니다. 여러 연구를 종합하면 대체로 BCG 백신은 결핵 발병률을 대략 50% 감소시키고, 결핵으로 인한 사망률은 70% 정도 줄인 것으로 알려져 있습니다.

결핵은 사람을 천천히 말려 죽이는 것으로 악명이 높습니다. 영어로 결핵을 'consumption'으로 표현하는데 '닳아서 사라진다'라는 의미입니다. 환자는 체중이 감소하고 얼굴에 핏기가 사라져 창백해집니다. 그래서 흑사병에 비유해 백사병white death이라고도 부르죠. 문제는 역사적으로 인류에게 공포의 대상이었던 전염병 중에서 지금도 현재진행형으로 우리를 괴롭히고 있다는 겁니다. 무슨 뜬금없는 이야기냐 하시는 분도 많을 겁니다. 결핵이라면 과거 구한말에 창백한 안색의 인텔리 청년이 밭은기침을 하면서 하얀 손수건에 핏자국을 남기는 이미지나 황순원 소설 『소나기』의 주인공 소녀 정도를 떠올리는 분들이 많을 테니까요. 하지만 지금도 전 세계에서 매년 1,000만 명 이상의 결핵 환자가 발생하고 사망자 역시 100만 명이 훌쩍 넘습니다. 놀랍게도 우리나라 발병률이 OECD 국가 중 처음 가입한 1996년 이후 지금까지 계속해서 1위로, 2021년 기준 연간 결핵 환자 수가 2만 3,000여 명에 달하고 사망자 역시 무려 2,000여 명이나 됩니다.

2016년 조사에 따르면 전 국민의 30%가 잠복결핵 감염으로 추정됐습니다. 이들은 체력이 약해져 면역이 저하되면 언제든지 결핵이 발병할 수 있는 거죠. 일단 발병하면 재채기나 대화 중에

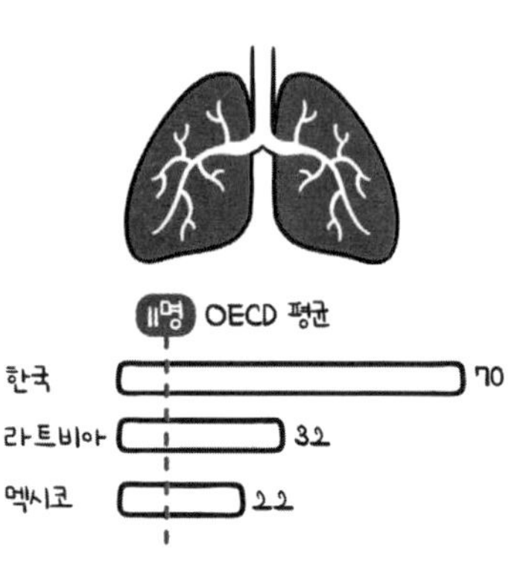

OECD 결핵 발생률 (단위= 10만 명당 명)
출처: 세계보건기구 2018 리포트

입에서 튀어나온 비말을 통해 쉽게 옮길 수 있습니다. 만약 기침이 잦아지고 가래가 끓는다거나 이유 없이 피로하고 체중이 감소한다면 곧바로 병원에서 검진을 받는 것이 중요합니다. 다행히 현재는 검사 방법과 치료 약이 개발되어 있어서 예전처럼 그저 지켜만 봐야 하는 불치병은 아닙니다. 또 결핵은 치료비 전액을 국가에서 지원해줍니다.

이외에도 스페인독감은 20세기 초반에 전 세계를 휩쓸며 2년 동안 2,500~5,000만 명의 목숨을 앗아갔고, 우리에게는 학질로 알려진 말라리아는 모기 몸속에 터를 잡고 사람에게 옮겨 다니는 기생충이 원인으로 인류 역사상 천연두보다 더 많은 30억 명 이상의 목숨을 앗아갔다는 연구 결과가 있습니다. 지금도 매년 50만 명 이상의 사망자를 발생시킵니다. 특히 5세 이하의 유아 환자가 많아 인류가 반드시 해결해야 할 과제이죠. 또 유명인들이 많이 감염되어 전 세계에 공포를 불러일으킨 에이즈는 아프리카 인구의 평균 수명까지 낮출 정도로 악명을 떨쳤습니다. 참고로 우리 정부는 2010년 12월 30일부터 '감염병 예방 및 관리에 관한 법률'을 시행함으로써 전염병이라는 용어를 감염병에 통합시켰습니다. 전염성 질환과 함께 사람들 사이에 전파되지 않는 비전염성 감염병까지 감시 및 관리 대상에 포함시키기 위해서죠.

감기는 추워서 걸리는 게 아니라는데 사실일까?

세상에는 정말 무시무시한 전염병이 많지만, 인간에게 가장 흔하게 발생하고 괴로움을 주는 건 역시 감기 아닙니까? 날씨가 추워지기 시작하면 몸이 오들오들 떨리는 것도 문제지만 여기저기서 기침을 하잖아요. 바이러스 때문에 감기에 걸린다는 건 다 아는데, 감기 바이러스는 늘 공기 중에 떠다니는 건가요? 과학 문명이 엄청나게 발달했는데 여전히 우리가 감기로 고생하는 이유가 뭡니까?

감기 바이러스는 어디에나 존재합니다. 공기 중에도 떠다니고 감염자의 손에도 묻어 있고 그 손으로 만진 물건에도 남아 있죠. 그런다고 감기 바이러스를 호흡하거나 접촉한 모든 사람이 감기에 걸리는 건 아니고 호흡기로 들어온 바이러스의 양과 본인의 면역력에 따라 달라지겠죠. 인간에게 감기 증상을 발생시키는 바이러스의 종류는 굉장히 많습니다. 현재까지 알려진 종류만 대략 200가지나 됩니다. 모든 감기를 예방하는 종합 백신이나 치료제를 개발하는 게 쉽지 않은 이유입니다.

대개 사람들은 추위가 감기의 직접적 원인이라고 오해합니다. 감기를 영어로 'cold'라고 하는 것도 그런 이유겠죠. 물론 겨울에 감기 환자가 늘어나는 건 맞습니다. 아무래도 추우니까 사람들이 문을 꼭꼭 닫아걸고 환기가 안 되는 방에 서로 모여 있는 시간이 많죠. 그렇게 감기 바이러스가 사람 사이를 더 잘 옮겨 다닐 수 있는 환경이 조성되는 게 한 가지 이유일 테고요. 또 대기가 건조해지니까 축축한 상태여야 하는 사람의 호흡기 점막 역시 아무래도 좀 더 건조해지는 거죠. 그러면 끈끈이처럼 바이러스를 필터링해주던 기능이 취약해지겠죠. 또 차가운 바람이 계속해서 드나드는 상기도upper airway, 즉 콧구멍 안쪽이나 인두, 후두에 이르는 부위가 아무래도 체온보다 4~5도 낮아집니다. 그런데 가장 흔한 감기 바이러스인 리노바이러스rhinovirus는 건조하고 온도가 낮은 환경을 좋아하거든요. 이런 요인들이 복합적으로 작용해 겨울이 되면 감기 환자가 늘어나는 거죠.

감기에 걸리면 몸에 열이 나죠. 특히 유아는 심하게 열이 나면서 부모의 애간장을 녹이기도 합니다. 이렇게 열이 나는 건 우리 몸이 바이러스와 싸우기 위한 면역반응 중 하나입니다. 감기 바

리노바이러스의 예

이러스는 높은 온도에 약하거든요. 기침 역시 마찬가지입니다. 감기에 걸리면 후두를 비롯한 기도에서 바이러스가 증식하면서 염증이 발생하는 데 기침을 하면서 외부로 강한 압력을 발생시켜 몸 바깥으로 바이러스를 배출하려는 면역반응인 거죠. 하지만 기침으로 배출된 바이러스가 다른 사람에게 옮겨가면서 감기가 전파되기도 합니다.

나이가 좀 있는 분들은 감기에 걸리면 병원에 가서 강한 주사를 한 방 놓아달라고 말하는 경우가 있습니다. 하지만 주사 한 방으로 감기를 치료할 수 있는 의사는 전 세계 어디에도 없습니다. 앞에서도 말했듯이 인류는 감기를 치료하는 방법을 아직 찾아내지 못했기 때문이죠. 감기를 위한 치료는 단지 고열이나 기침, 또 그로 인한 고통을 줄여주는 데 목적이 있을 뿐입니다. 그래서 예전에는 “감기는 병원에 다녀오면 7일 만에 낫고, 다녀오지 않으면 일주일 만에 낫는다”라는 우스갯소리를 하곤 했습니다. 경험상 감기가 완치되려면 어떻게 하든 일정 기간이 필요하다는 해학적 표현이었겠죠.

땀을 흠뻑 내고 나면 감기가 한방에 떨어져 나가고 몸이 거뜬해진다고 믿는 분들도 많은데요. 이건 맞는 말일 수도 있고, 틀린 말일 수도 있습니다. 감기 바이러스가 높은 온도에 약하기 때문에 따뜻한 곳에 머물거나 운동을 해서 몸속의 열을 올리는 것이 도움이 될 수도 있습니다. 반면에 이미 체온을 올리는 면역반응이 이루어지고 있는데, 일부러 몸에 열을 더 가하면 면역반응이 방해를 받을 수도 있고 더 나아가 체온을 유지하는 자율신경계에 무리를 줘서 통제할 수 없을 정도로 고열이 발생할 수도 있기 때문입니다.

독감을 그저 더 독한 감기일 뿐, 감기와 같은 종류라고 오해하는 일도 많은데요. 독감은 원인 바이러스가 감기와는 엄연히 다른 질환입니다. 독감은 A·B·C형 세 종류의 인플루엔자 바이러스에 의한 질환입니다. 주로 겨울에서 봄까지 유행하는 것이 특징이지요.

최선의 감기 치료법은 충분한 휴식과 편안한 수면을 취하고 소화가 잘되는 식사로 건강, 즉 면역을 회복하는 겁니다. 거기다가 실내 습도를 60~65%로, 실내 온도 역시 23℃가량으로 쾌적하게 유지해주면 더 좋겠죠. 또 물을 충분히 마시는 것이 중요합니다. 그런데도 재채기나 콧물, 발열로 고통스럽다면 복합 감기약보다는 심한 증상을 개별적으로 완화해주는 약을 복용하는 것이 좋습니다. 그러면 몸이 감기 바이러스를 쫓아내는 기간을 훨씬 수월하게 견딜 수 있겠죠. 단, 증상이 1~2주 이상 계속된다면 병원을 찾아 정확한 진단을 받아야 합니다.

인간은 우주에서 얼마나 버틸 수 있을까?

언젠가 우리가 우주선을 타고 우주 공간으로 올라가 과학 콘서트를 하게 될 날도 오겠죠? 하기야 생각해보니까 당장이라도 돈만 많다면 할 수 있겠네요. 그런데 만약 우리가 우주선 내부가 아니라 우주 공간으로 직접 나간다면, 대화하려고 해도 당연히 소리가 전달되지 않겠죠? 소리는 공기가 연이어 진동하면서 전달되는데, 우주는 진공 상태니까요. 아니구나, 한마디 하기도 전에 곧장 죽는 건가요, 아니면 잠깐은 살아 있을 수 있나요?

잠깐은 살아 있을 겁니다. 우주 공간에 나가면 먼저 두 가지 변화가 우리를 기다립니다. 하나는 외부의 압력이 갑자기 0으로 낮아지는 것이고, 다른 하나는 우주의 평균 온도가 -270℃로 절대영도에 가까운 엄청나게 추운 곳이라는 거죠.

일단 압력이 갑자기 내려가면 신체에 여러 가지 반응이 발생합니다. 예를 들어 혈액에 녹아 있는 기체 분자들이 기화하면서 혈액에 거품이 발생하겠죠. 쉽게 말해 혈액이 끓어오르는 겁니다. 액체의 비등점, 그러니까 끓어오르는 온도는 압력에 따라 다르니까요. 우리가 높은 산에 올라가서 밥을 하거나 라면을 끓이면 설익는 이유가 고지대라서 기압이 낮아 물이 낮은 온도에서 끓어오르기 때문이죠. 압력이 거의 없는 우주 공간에서 물의 비등점은 사람의 체온보다 훨씬 낮은 온도가 됩니다. 사람의 체온으로 혈액을 포함한 몸속의 모든 액체가 끓어오르는 겁니다.

그러면 마치 잠수병 증상이 나타나는 것처럼 몸에 문제를 일으킬 겁니다. 예를 들어, 잠수사가 깊은 물속에서 호흡하면 기체가 높은 압력으로 혈액 속에 녹아듭니다. 그런데 이 기체 성분이 단계적인 감압 과정을 거치지 않고 갑자기 낮은 기압에 노출되면 혈액 속에서 기체 방울을 형성해 혈관을 막아버리는데 이 질환이 잠수병입니다. 우주에 갑자기 신체가 노출되면 이와 유사한 반응이 발생하는 거죠. 또 우리 폐에는 공기주머니가 포도송이처럼 붙어 있는 허파꽈리라는 조직이 있습니다. 이 조직은 탄력섬유로 이루어진 막을 가지고 있는데 바깥의 압력이 갑자기 0이 되면 공기주머니가 팽창하여 결국 터질 수도 있을 겁니다. 마찬가지로 압력이 낮아지면 외부와 가까운 곳에 모세혈관이 분포하는 콧속 같은 곳에서부터 출혈이 일어나게 될 겁니다. 출혈을 멈추기 어려워 상당히 많은 혈액을 잃어버릴 수 있어요.

그리고 온도가 낮아지는 것이 문제인데, 인간이 우주 공간으로 나간다면 극저온에 노출됩니다. 이때 몸에서 열을 빼앗겨 바깥쪽 피부부터 얼어붙기 시작할까요? 이는 태양이 내뿜는 복사에너지에 노출되느냐에 따라 극명하게 갈립니다. 열이 이동하는 방법에는 전도, 대류, 복사 등 세 가지가 있습니다. 전도는 온도가 높은 쪽에서 활발히 움직이는 분자가 온도가 낮은 쪽의 느린 분자와 충돌해 운동에너지를 전달하면서 열이 전달되는 과정입니다. 우주 공간의 온도가 절대영도(영하 273.15℃)에 가까울 정도로 낮은 것은 맞지만, 느리게 움직이는 분자 자체가 없어서 우리 몸 표면에서 움직이는 분자들이 충돌할 대상 자체가 없는 셈이죠. 따라서 우리 몸이 전도를 통해 우주 공간에서 열을 빼앗기지는 않습니다. 마찬가지로 대류의 과정도 일어날 수 없습니다. 뜨거운 공기가 위로 올라가고 차가운 공기가 아래로 이동하는 것처럼 물질 자체가 이동하는 것이 대류를 통한 열의 전달인데, 우주 공간에는 우리 몸 말고는 거의 아무것도 없으니 대류도 일어나지 않아요. 결국 전도와 대류로 우리 몸의 체온이 우주 공간에서 내려가지는 않습니다. 마지막으로 복사가 있는데, 이는 전자기파를 통해서 직접 에너지가 전달되는 방식입니다. 태양과 지구 사이에는 아무것도 없는 진공이 가로막고 있지만 태양에서 방출된 전자기파는 복사를 통해서 우리 몸에 도달합니다. 추운 겨울날이어도 검은색 옷을 입고 햇볕을 쬐면 따뜻함을 느끼는 것이 바로 복사를 통한 열의 전달 때문이죠.

우주 공간은 거의 진공이어서 대기권이 보호막 역할을 하는 지구 표면과 달리 태양 빛이 아무런 방해 없이 우리 몸에 도달합니다. 날씨에 따라 차이가 있지만 지구 표면에 도달하는 태양의 복사에너지는 1㎡당 500W에서 1000W 정도입니다. 지구 대기권 바로 밖에서는 이 값이 지표면에서보다는 좀 더 커서 1400W 정도지만, 그리 큰 값은 아닙니다. 지구 근처의 우주 공간에서 태양 쪽을 향한 우리 몸 피부의 표면적을 1㎡로 어림하면, 전체 1400W 정도의 일률(단위 시간에 이루어지는 일의 양)로 태양의 복사에너지를 받는 것이지요.

지구의 공기 중에서 살아가는 우리는 태양 복사에너지가 유입되어도 이를 효율적으로 방출하여 체온을 일정하게 유지할 수 있습니다. 사람 피부의 빛 반사율은 50% 정도입니다. 거의 진공에 가까운 우주 공간에 맨몸으로 있다면 700W 정도의 일률로 태양 복사에너지가 유입되어 체온이 급격히 오르게 됩니다. 반드시 높은 반사율을 가진 물질로 우주복을 제작해야 하는 이유입니다.

반대로 우주 공간에 맨몸으로 있는데 햇빛이 전혀 도달하지 않으면 이 또한 문제가 됩니다. 앞에서 설명했듯이 우리 몸의 열이 전도와 복사를 통해 우주 공간으로 방출되지는 않지만 우리 몸도 복사를 통해서 긴 파장 영역의 전자기파로 에너지를 빼앗깁니다. 약 100W 정도의 일률로 우리 몸은 복사를 통해서 에너지가 줄어들지만, 그리 많은 양은 아니어서 큰 문제는 없을 겁니다. 하지만 어떤 에너지도 음식의 형태로 섭취하지 못하면 결국 외부로 빼앗긴 에너지 때문에 체온이 내려가 서서히 추위를 느낄 겁니다. 설령 태양 복사에너지를 피하더라도 인간이 우주 공간에서 살아 있는 시간은 잠깐에 불과할 거예요. 당장 산소가 없어서 호흡할 수 없을 테니까요. 산소 공급이 3분 정도만 중단되어도 우리 몸에는 당장 큰 문제가 발생하니까요.

일반적으로 많은 사람이 오해하는 건 우주 공간에 나가면 사람 몸이 마치 풍선처럼 부풀어 올라 터져 죽을 거라는 생각입니다. 실제 사람의 피부는 생각보다 압력을 버티는 힘이 큽니다. 인류 최초로 우주선을 벗어나 우주 유영을 했던 알렉세이 레오노프에게 이와 비슷한 상황이 벌어진 적이 있습니다. 그가 우주 공간으로 나갔다가 다시 좁은 에어록 통로를 통해 우주선으로 복귀하려고 할 때 예상치 못한 문제가 발생했습니다. 우주 공간의 낮은 압력으로 인해 우주복이 부풀어 올라 좁은 입구로 몸을 끼워 넣을 수가 없었던 거죠. 대략 20분쯤 사투를 벌이다가 그는 목숨을 건 모험을 감행합니다. 우주복 내의 압력을 우주 공간과 같은 수준으로 낮춰서 부푼 우주복을 가라앉혀 마침내 에어록을 통과해 우주선으로 귀환했습니다. 그러니까 우주 공간처럼 압력이 사라진 상황에 노출됐지만, 몸이 갑자기 부풀어 오르거나 큰 손상을 입지는 않아서 무사히 지구로 돌아올 수 있었던 거죠.

나이를 먹으면 뇌 기능이 떨어진다고?

인간의 몸에서 어느 하나 중요하지 않은 부분이 없겠지만, 그래도 단 하나를 꼽으라면 아무래도 두뇌일 것 같은데요. 사실 의학이 발달하면서 심장도 이식하고 팔다리도 앞으론 기계로 바꿀 수 있을 것 같고요. 그리고 그런 부분이 바뀐다고 내가 다른 사람이 되는 것도 아니잖아요. 하지만 뇌는 다를 것 같아요. 만약 나이를 아무리 먹어도 뇌 기능이 그대로라면 언젠가는 신체의 다른 모든 부분을 바꿔가면서 젊게 살 수도 있을 것 같아요.

일정 나이가 넘어가면서 신체 능력만 떨어지는 게 아니라 뇌 기능 역시 감소한다는 게 과거의 통념이었습니다. 그리고 실제로 우리 주변을 살펴봐도, 노인성 치매로 정신 활동에 문제를 겪는 분도 많습니다. 물론 젊은이 못지않게 정신이

또렷한 분도 있지만요. 어쨌든 최근 들어 과거의 통념이 잘못됐다는 여러 흥미로운 실험 결과가 발표되고 있습니다. 특히 익숙한 무언가가 갑자기 기억나지 않는 건망증을 나이가 들면서 나타나는 대표적인 뇌 기능 저하 현상이라고 오해하는 사람들이 많지만, 이는 나이와는 특별한 상관관계가 없고 나이대를 막론하고 나타나는 증상이라는 사실도 밝혀졌죠. 건망증은 노인성 치매와 분명히 다른 현상입니다.

먼저 신경가소성 또는 뇌가소성이라고 불리는 개념을 설명하고 싶은데요. 가소성을 영어로 'plasticity'라고 합니다. 우리가 아는 플라스틱에서 나온 말이죠. 신축성 있게 모양을 빚어서 쓰는 게 플라스틱이듯이 인간의 뇌도 얼마든지 변할 수 있다는 의미로 '신경가소성neuroplasticity'이라는 용어를 이해하면 됩니다. 과거에는 뇌과학자들 역시 청소년기 이후로는 사람 뇌의 여러 능력이 조금씩 줄어든다고 생각했죠. 그런데 현재의 뇌과학자들은 그렇게 생각하지 않습니다. 사람의 뇌는 어떤 경험을 하느냐에 따라 나이와 상관없이 얼마든지 바뀔 수 있습니다. 다르게 말하면 뇌의 신경세포가 새로 만들어지고, 뇌 회로가 생성되어 뇌 영역이 커질 수 있습니다.

영국 런던의 택시 운전사들을 대상으로 한 대표적인 연구가 있습니다. 런던은 시가지가 무척 복잡하기로 유명한데요. 실제 런던 택시 면허를 취득하려면 런던 중심 반경 10㎞ 내의 모든 골목길을 외우고 시내 구석구석을 머릿속에 새겨 넣어야 한다고 해요. 그리고 실제로 택시 운전을 하면서도 손님에 따라 불규칙하게 정해지는 목적지로 가는 지름길을 찾아야 하고, 이를 위해 복잡한 골목들이 어떻게 서로 연결되어 있는지에 관한 정보를 계속 머릿속에서 빠르게 처리해야 하죠. 런던대학 엘리너 매과이어 Eleanor Maguire 교수의 연구팀은 이들의 뇌를 MRI(자기공명 영상장치)로 분석했습니다. 그랬더니 상당한 나이대가 있는 집단임에도 불구하고 공간 기억력을 담당하는 뇌의 해마 부위가 잘 발달해 있었죠. 엘리너 매과이어 교수는 "인간의 뇌는 성인이 된 후에도 새로운 기술이나 지식을 습득할 때마다 수시로 변한다"라고 말합니다.

인간의 뇌는 나이가 들어도 꾸준히 새로운 연결망을 만듭니다.

그래서 적응력이나 유연성 같은 뇌 기능은 경험이 쌓이면서 오히려 더 발달하죠. 같은 관점에서 신경과학자 대니얼 레비틴Daniel Levitin은 나이가 들수록 복잡한 현상 속에서 특정 패턴을 인식해내는 능력이 더 향상된다고 말합니다. 최근 미국과 포르투갈의 연구팀 역시 소란스러운 환경에서 중요한 것에 집중하는 뇌 기능이 나이가 들수록 좋아진다는 실험 결과를 발표했습니다. 예일대학 노화심리학 교수 베카 레비Becca Levy는 저서 『나이가 든다는 착각』에서 정신적 노화는 단지 사회적·심리적 과정일 뿐이며 '연령 인식', 즉 자신의 나이를 어떻게 인식하는가에 따라 뇌 기능뿐만 아니라 신체 기능에 큰 영향을 받는다고 주장합니다. 저자는 연구를 통해 나이 드는 것을 부정적으로 인식하는지, 긍정적으로 인식하는지에 따라 수명이 7년 이상 차이가 난다는 사실을 발견했습니다.

뇌 구조

위에서 설명한 실험 결과들에서 알 수 있듯이 우리는 나이와 상관없이 자신의 뇌를 얼마든지 새롭게 개발할 수 있습니다. 가장 좋은 방법은 새로운 정보, 즉 새로운 경험을 계속해서 이어가는 거죠. 흥미로운 걸 찾아 배움을 놓지 않는 것도 자신의 뇌를 훨씬 더 정보를 잘 처리할 수 있는 구조로 바꾸는 방법이겠죠.

구독자들의 이런저런 궁금증 2

question 1

간혹 눈앞에 투명한 미생물처럼 보이는 것이 둥둥 떠다닐 때가 있어요. 도대체 이것이 무엇인지 궁금합니다.
-@painting_fox

질문을 문자 그대로 이해하면 '비문증(飛蚊症·날파리증)' 증상으로 이해됩니다. 비문증은 나이가 들면서 눈 속의 유리체가 혼탁해져서 눈앞에 먼지나 작은 벌레 같은 게 떠다니는 것처럼 보이고, 시선을 움직이면 그것들이 이동하는 것처럼 느끼는 증상입니다. 40대 이후로 발생하는 비문증은 노화와 관련이 깊으나, 나이에 상관없이 근시가 심할 때도 발생한다고 합니다.

대부분 비문증은 일종의 노화 현상이기에 특별한 예방과 치료는 없다고 합니다. 하지만 갑자기 비문의 개수가 증가해 시야에 심각한 불편함이 생긴다면 노화 외에 병적인 원인에 의한 것일 수 있으므로, 이런 경우에는 즉시 안과 전문의를 만나보시기 바랍니다.

question
2

생명과학이 발달하면 먼 미래에는 지금보다 업그레이드된 인간종이 나타날 수도 있을까요? 예를 들어 파충류의 재생 능력을 이식해 팔이 잘려도 다시 자라난다든지 하는 것처럼요.
-@user-ud5rj4fm2t

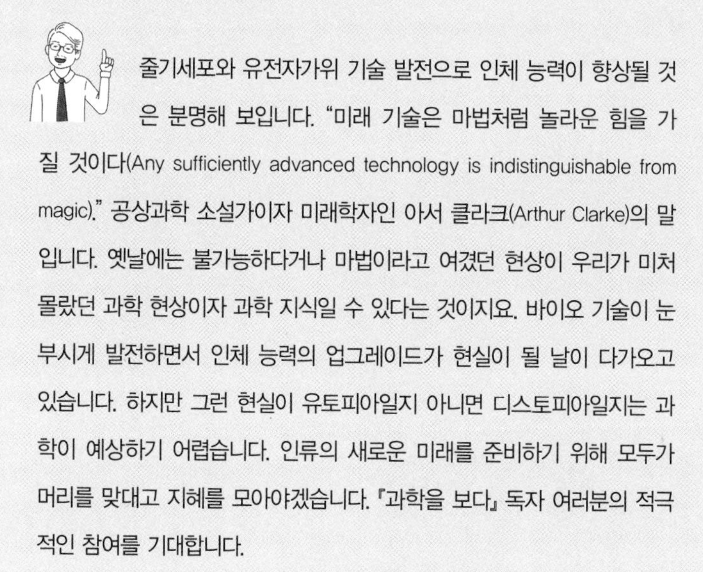

줄기세포와 유전자가위 기술 발전으로 인체 능력이 향상될 것은 분명해 보입니다. "미래 기술은 마법처럼 놀라운 힘을 가질 것이다(Any sufficiently advanced technology is indistinguishable from magic)." 공상과학 소설가이자 미래학자인 아서 클라크(Arthur Clarke)의 말입니다. 옛날에는 불가능하다거나 마법이라고 여겼던 현상이 우리가 미처 몰랐던 과학 현상이자 과학 지식일 수 있다는 것이지요. 바이오 기술이 눈부시게 발전하면서 인체 능력의 업그레이드가 현실이 될 날이 다가오고 있습니다. 하지만 그런 현실이 유토피아일지 아니면 디스토피아일지는 과학이 예상하기 어렵습니다. 인류의 새로운 미래를 준비하기 위해 모두가 머리를 맞대고 지혜를 모아야겠습니다. 『과학을 보다』 독자 여러분의 적극적인 참여를 기대합니다.

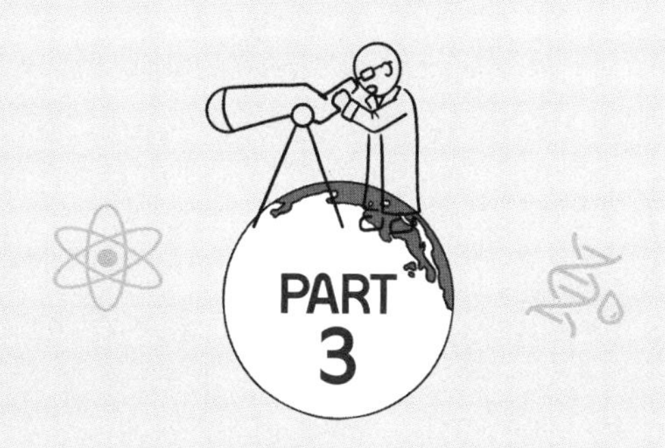

새롭게 밝혀지는 우주의 비밀

우주의 끝은 있을까?

이제부터 우리의 영원한 주제인 우주에 관해 이야기해볼 텐데요. 가장 먼저 우주가 뭔지부터 알고 싶습니다. 사실 정말 극소수를 제외하고는 거의 모든 인류가 평생 지구 위에서만 살아가잖아요. 하늘을 쳐다보면 별들이 반짝이긴 하지만, 대개 그냥 예쁘다 하는 정도로만 생각하는 사람이 대부분일 테고요. 누군가에게 우주가 뭐냐고 물어보면, "지구 바깥으로 나가면 우주 아냐?" 이럴 겁니다. 우주가 뭔지, 우주에 관한 기본 상식부터 알려주세요.

사전에는 우주가 어떻게 정의되어 있을까요? 우리 표준국어대사전에는 우주가 '무한한 시간과 만물을 포함하고 있는 끝없는 공간의 총체'라고 나와 있습니다. 말 그대로 '모든 것'이 우주라는 뜻이겠죠. 현재 세계 인류가 사용하는 대표적인 언어인 영어사전에는 뭐라고 나올까요? 영어는 3가지 단어로 구분해서 우주를 정의합니다. 하나가 스페이스space, 두 번째가 유니버스universe, 마지막으로 코스모스cosmos입니다.

우선 첫 번째 스페이스는 인간이 직접 가거나 탐사 로봇을 보낼 수 있는, 즉 물리적으로 접근할 수 있는 범위의 우주를 말합니다. 현재 우리 인류는 명왕성 부근까지 탐사선을 보내고 있어서 태양계 정도를 스페이스라고 볼 수 있겠죠. 우리가 지금까지 봤던 우주 전쟁을 다루는 영화 제목을 떠올려보면 스페이스라는 단어가 들어갑니다. 우주 전쟁은 '스페이스 워space war', 이렇게 표현하죠. 외계인과 치고받는 전쟁을 하려면 우리 인간도 우주선을 타고 가야 하니까 자연스럽게 우주 전쟁의 무대는 스페이스가 되는 거죠.

유니버스는 좀 다른 개념입니다. 우주에 존재하는 별, 행성, 가스구름gas cloud, 원자 등 모든 물질적인 것들을 아울러 유니버스라고 부릅니다. 마지막으로 코스모스는 물질적인 우주뿐 아니라 형이상학적인 개념, 즉 인간의 사상, 이념, 생각 같은 철학적인 부분까지 포함합니다. 아마 우리 국어사전에서 정의하는 우주와 가장 가까운 개념이겠죠.

사실 현재 인류는 우주의 극히 일부만 이해하고 있을 뿐 그 실체를 모릅니다. 우리가 우주의 구조나 진화 과정을 이해하려면 일단 우주의 지도를 그려봐야 합니다. 그래서 천문학자들은 우

SPACE < UNIVERSE < COSMOS

주 전역에 별과 은하들이 어떻게 분포하는지 커다란 지도를 그렸습니다. 이렇게 인간이 빛을 통해 관측할 수 있는 존재, 즉 별이나 행성, 가스구름 등을 일반 물질이라고 부르는데요. 중요한 건, 이 일반 불질이 우주 전체를 구성하는 물질 중 5%에 불과합니다. 놀랍게도 나머지 대부분은 우리가 빛을 통해 관측할 수 없는 미지의 존재인 암흑물질과 암흑에너지로 채워져 있죠. 빛으로 여러 신호와 정보를 인지하는 인간의 감각기관으로는 그 존재를 파악하기가 어렵습니다. 다만 우리가 관측할 수 없는 어떤 물질이 존재해야만 가능한 현상이 실제 우주에서 일어나니까, 그렇게 추측할 뿐이죠. 그렇다면 인류는 과연 우주를 안다고 할 수 있을까요, 없을까요?

우주의 끝은 있을까요? 저도 어렸을 때 무척 궁금해했는데요.

현대 우주론에 따르면 우주에는 끝이 없습니다. 우주 공간은 끝없이 무한하게 펼쳐져 있다고 생각합니다. 언뜻 '끝이 없다'는 개념이 잘 이해되지 않을 겁니다. 극단의 미시 세계인 양자나 극단의 거시 세계인 우주를 생각할 때는 일단 고정관념부터 버려야 합니다. 우리가 가진 생각은 지구라는 행성에서 벌어지는 물리 현상에만 익숙해져 있기 때문이죠.

다만 인류에게 우주의 한계가 어디까지인지는 이야기할 수 있습니다. 우리가 빛을 통해 관측할 수 있는 우주에는 한계가 있는 거죠. 우리가 속한 우주가 탄생한 138억 년 전부터 지금까지 빛이 진행한 거리 너머는 볼 수가 없으니까요.

그렇다면 인류가 관측할 수 있는 우주의 크기는 얼마일까요? 단순하게 138억 광년 반지름의 원구를 생각할 수 있지만, 그렇지 않습니다. 우주는 탄생한 이후부터 계속해서 팽창하고 있거든요. 현재 우리가 관측할 수 있는 우주의 최대 범위는 대략 반지름 465억 광년 정도니까, 지름으로 환산하면 930억 광년 정도의 원구가 인간에게 의미 있는 우주의 크기라 할 수 있습니다.

여기서 재미있는 사고실험 하나를 떠올릴 수 있는데요. 만약 지름 960억 광년 원구의 경계면으로 순간 이동해서 우주를 바라보면 무엇이 보일까요? 지금 우리가 보고 있는 우주와 똑같은 우주가 거기서도 보입니다. 결국 관측 가능한 우주라는 건 우주의 어느 지점에서건 사방으로 960억 광년의 둥근 범위가 되는 거죠. 만약 까마득히 머나먼 어딘가에 사는 외계인 역시 우리처럼 빛으로 우주를 관측한다면 그들을 중심으로 새로운 원구의 관측 가능한 우주가 존재하는 셈이죠.

시간이란 무엇일까?

시간이 존재하지 않는다는 건 도대체 무슨 소리일까요? 사실 제가 이해하는 시간의 이치는, 물이 흐르는 것처럼 실체가 있어서 그 흐름을 측정한다기보다 해가 뜨고 지고 계절이 변하니까, 그냥 시계라는 걸 만들어서 초, 분, 시간 같은 상상의 개념을 인위적으로 설정한 게 아닌가 생각해왔는데요. 정말 시간이란 게 실체가 있는 건가요?

결론부터 말씀드리자면 물리학자들 역시 시간이 무엇인지 정확히 알지 못합니다. 물리학 역사에서 시간과 공간을 본격적으로 고민한 사람은 아마도 뉴턴일 겁니다. 뉴턴 물리학에서 시간과 공간은, 만약 우리가 연극을 보고 있다고 상상하면 연기하는 배우의 뒷배경으로, 텅텅 비어 있는 무대라고 생각하면 됩니다.

뉴턴 물리학이 알려진 뒤 철학자 임마누엘 칸트는 시간과 공간에 관해 고민을 많이 합니다. 칸트의 철학에는 '선험적'이라는 개념이 등장하는데요. 경험하지 않아도 아는 것이라고 이해하면 됩니다. 예를 들어 사과 1개보다 사과 2개가 더 많다는 건 우리가 굳이 경험으로 체득하지 않아도 알 수 있는 거죠. 그냥 태어날 때부터 알고 있는 선험적 지식인 겁니다. 우리가 사과를 보는 것처럼, 어떤 물체가 바로 이곳에 있는 것을 직접 눈으로 보면서 우리는 공간 안에서 물체를 파악합니다. 경험을 통해 배워서 아는 것은 아니지만 우리는 공간이 무엇인지 선험적으로 알고 있습니다. 우리가 무엇인가를 눈으로 직접 보고 감각하는 것을 칸트는 '직관'이라고 불러요.

우리는 공간 안에서 일어나는 물체의 운동은 직관하지만, 공간 자체를 직관하는 것은 아닙니다. 물체의 운동에 대한 직관은 공간이라는 배경 안에서 일어나죠. 그래서 칸트는 공간을 직관이라고 하지 않고 직관의 형식이라고 말해요. 여기서 공간은 우리 마음속에 있는 것이 아니라 우리 인식의 외부에 있죠. 칸트가 공간을 선험적 직관의 외적 형식이라고 말하는 이유입니다. 공간이 이처럼 우리의 바깥에 있는 일종의 직관의 형식이라면 시간은 어떨까요? 칸트의 고민은 여기서 시작합니다. 시간은 어디 있는 거지? 우리 중 누구도 시간을 볼 수 없잖아요. 칸트는 시간을 선험적 직관의 내적 형식이라고 이야기합니다. 한마디로 우리 마음속에 자리 잡은 형식이고, 우리는 시간이라는 내적 형식을 통해서 무언가의 변화를 직관하는 것이죠.

칸트

뉴턴과 칸트의 시공간은 물질과는 상관없습니다. 물질이 존재하든, 존재하지 않든 항상 시공간은 성립할 수 있는 겁니다. 그 이후 아인슈타인이 등장하면서 뉴턴과 칸트가 정의한 시공간 개념이 급격하게 변합니다.

인류의 역사를 바꾼 아인슈타인의 상대성 이론은 두 종류의 이론 체계입니다. 하나는 특수 상대성 이론이고요, 다른 하나는 일반 상대성 이론입니다. 특수 상대성 이론이 우리에게 알려준 건 움직이는 사람의 시간은 가만히 정지한 사람의 시간보다 더 느리게 가고, 정지한 사람이 보면 움직이는 사람의 공간은 움직이는 방향으로 줄어든다는 것이에요. 움직이는 사람이 얼마나 빠른가에 따라 시간과 공간 자체가 달라질 수 있다는 얘기죠. 다음으로 아인슈타인은 일반 상대성 이론을 완성합니다. 질량이 있는 물체는 주변의 시간과 공간을 변형한다는 것이 일반 상대성 이론의 결론입니다. 일반 상대성 이론을 통해서 물리학자들은 블랙홀의 존재도 예측해냈어요. 블랙홀은 엄청난 질량으로 주변의 시공간을 극단적으로 뒤틀죠. 빅뱅 당시 우주와 마찬가지로 블랙홀 내부에도 특이점이 있을 것으로 물리학자들은 믿고 있습니다.

우리는 시곗바늘이 째깍째깍 움직이거나 흰머리가 늘어나는 걸 보면서 시간이 흐른다고 하는 것이지, 실제로 시간이라는 어떤 특정의 것이 흘러가는 모습을 단 한 번도 본 적은 없습니다. 우리가 편의상, 그러니까 어떤 물체의 운동을 기술하거나 서로 만나자는 약속을 하기 위해서 도입한 허상의 개념이지, 실제로는 시간이 존재하지 않는 것일 수도 있다는 주장이 요즘 주목받고 있습니다. 어쩌면 시간이 존재하지 않을 수도 있지만, 우리는 어쨌든 시간이 흐르는 건 느끼죠. 우리가 보는 시간은 항상 과거에서 현재를 거쳐 미래로 흐릅니다. 그 누구도 거꾸로 시간이 미래에서 현재를 거쳐 과거로 흐르는 걸 보지 못했죠. 왜 시간은 이렇게 한 방향으로만 흐를까, 그러니까 시간의 단방향성 또는 비대칭성을 물리학에서는 '시간의 화살'이라고 부릅니다. 이 문제와 관련해 3가지 제안이 있습니다.

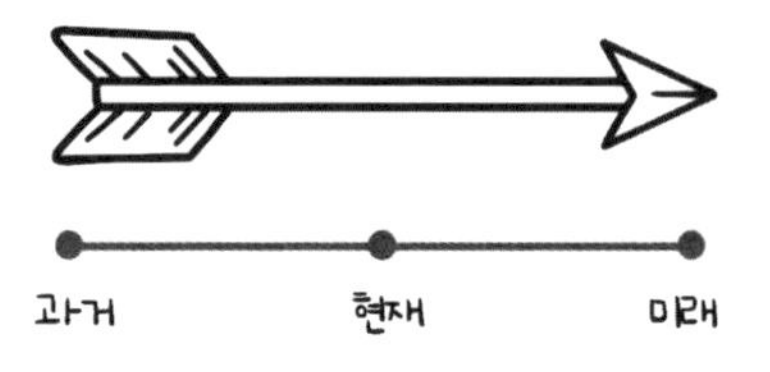

시간은 정말 한 방향으로만 흐를까?

먼저 양자역학에서는 측정이나 관찰이라는 행위가 대상 물질의 상태를 결정합니다. 예를 들어 어떤 입자가 측정되기 전에는 왼쪽에 있을 수도 오른쪽에 있을 수도 있습니다. 다시 말하자면 측정 전에는 어디에 있는지 확정할 수 없죠. 그저 가능성으로, 확률로만 존재합니다. 그런데 그 입자의 위치를 측정하는 순간 두 가지 가능성 중 하나가 현실로 구현되죠. 여기서 중요한 건 한 번 측정하고 나면 그 이전 가능성의 상태로 되돌아갈 수 없다는 겁니다. 이렇게 한 번 측정하고 나면 양자역학의 측정을 되돌릴 수 없다는 아이디어에서 시간의 방향성이 주어질 수 있다는 생각이 가능해져요. 양자역학은 우주를 구성하는 가장 작은 입자의 세계를 지배하는 물리 법칙에 관한 이론인데요. 양자역학의 측정 행위 같은 간섭이나 개입 때문에 시간의 방향성이 생겼다는 제안이 있습니다.

두 번째로 우주론적 시간의 화살이라는 개념이 있습니다. 우주는 138억 년 전쯤에 빅뱅으로 출발하죠. 그때부터 우주의 시공간은 계속 팽창합니다. 이 우주 시공간의 팽창이 과거에서 현재, 미래로 흐르는 시간의 본질이라는 제안도 있어요. 만약 우리가 이 제안을 받아들인다면 아주 흥미로운 상상을 할 수 있습니다. 아주 먼 미래에 만약 우주의 팽창이 멈추고 다시 수축하기 시작한다면 어떻게 될까요? 시간의 화살이 방향을 바꿔 미래에서 현재를 거쳐 과거로 흐를 수 있을까요?

세 번째로 통계역학에 따른 시간의 화살이라는 개념이 있습니다. 현재 가장 많은 물리학자가 동의하는 주장이지요. 엔트로피 증가의 법칙과 관련이 있는데요, 고립되어 있는 계system에서는 모든 물질과 에너지가, 질서가 있는 상태에서 무질서의 정도가 늘어나는 방향으로만 바뀝니다. 그리고 우주 전체는 상호작용하는 모든 것의 총체여서 우주가 가진 전체 에너지의 크기는 일정해요. 우주 전체가 이처럼 고립계여서, 우주의 엔트로피는 늘어갈 뿐 줄어들 수는 없다는 것을 엔트로피 증가의 법칙이 알려줍니다. 통계물리학자들은 엔트로피 증가와 시간의 화살 사이의 관계가 인과관계인지, 상관관계인지를 고민합니다. 이 관계를 인과관계로 해석하면, 엔트로피를 줄이면 시간을 거꾸로 흐르게 할 수 있다는 아이디어를 떠올릴 수 있죠. 큰 인기를 끌었던 크리스토퍼 놀란 감독의 영화 〈테넷〉(2020)이 바로 이 아이디어를 이용한 영화입니다.

집에서 라면을 끓입니다. 보글보글 끓는 라면 냄비에서 맛있는 냄새가 집 안 여기저기로 퍼져 나가겠죠. 엔트로피가 증가하는 겁니다. 만약 집 안 전체로 퍼져 나가던 라면 냄새가 다시 냄비로 모여든다면 엔트로피가 감소하죠. 극단적으로 어떤 가상의 존재가 라면 냄새 분자 하나하나를 손으로 집어내어서 방향을 거꾸로 바꾸면, 라면 냄새가 다시 좁은 공간으로 모이고 엔트로피가 줄어드는 것처럼 보이겠죠? 하지만 이때도 라면 냄새 분자의 엔트로피가 줄어드는 것보다 이 가상의 존재로 인해 늘어난 엔트로피 때문에 전체의 엔트로피는 늘어나게 됩니다. 거시적인 크기의 계에서는 엔트로피의 방향을 되돌려 시간을 거스르는 것은 불가능에 가깝다고 여겨집니다.

갑자기 무슨 소리냐 할 수도 있지만, 타임머신을 이용해서 미래로 가는 건 얼마든지 가능합니다. 여기서 미래로 간다는 게 무슨 뜻인지 차분하게 생각해볼 필요가 있습니다. 지금 우리가 가만히 이 자리에 있어도 우리는 모두 미래로 가고 있습니다. 하지만 타임머신을 이용해서 미래로 간다는 건 나를 뺀 다른 모든 사람의 시간만 더 빠르게 흘러야 하는 거죠. 그러니까 나와 다른 사람의 시간을 비교해야 합니다. 우리는 움직이는 사람의 시간이 더 느리게 흐른다는 사실을 위대한 물리학자 아인슈타인에 의해 알게 됐죠. 이 원리를 이용하면 됩니다. 어딘가에 아주 빠른 속도로 다녀오면 나의 시간은 다른 사람의 시간보다 느리게 흘러서 미래로 여행한 셈이 됩니다. 다른 방법도 있습니다. 체감할 정도로 다른 사람보다 미래에 빨리 가려면 영화 〈인터스텔라〉(2014)에 나오는 것처럼 블랙홀 주변에 다녀오면 되겠죠. 미래로의 시간 여행은 물리학과 아무런 모순이 없어요. 실제로 아주 조금의 미래일 뿐이지만, 평생 비행기 조종사로 일하는 분이라면 우리보다 아주 조금은 미래에서 살고 있는 셈입니다.

문제는 과거로의 시간 여행입니다. 대부분 물리학자는, 뉴턴의 운동 법칙이나 아인슈타인의 특수 상대성 이론이 미래 어느 시점에 틀린 거로 증명되지 않는 한, 과거로의 시간 여행은 불가능하다고 생각합니다. 모든 과학자가 마지막까지 포기하지 못하는 게 있어요. 인과율, 즉 결과가 원인보다 먼저 발생할 수는 없다는 겁니다. 그런데 과거로 갈 수 있다면 어떻게 될까요? 우리는 원인보다 결과가 더 먼저 발생하는 것을 보게 되죠. 만약 과거로 돌아가서 자신의 할아버지를 차로 치어 사망하게 하는 교통사고를 냈다면 어떻게 될까요? 할아버지에게서 아버지가 태어나고 아버지와 어머니가 만나 나를 낳았으니, 만약 할아버지가 결혼 전에 사망한다면, 과거로 여행한 나의 존재 자체에 모순이 발생해서 인과율을 위반하게 됩니다. 이를 '할아버지의 역설'이라고 부릅니다. 할아버지가 사망하는 정도로 큰 사건이 아니어도 심각한 문제가 발생합니다. 과거로 간다면 그 어떤 행위도 해서는 안 됩니다. 목소리를 내고 숨을 쉬거나 보고 듣는 것만으로도 과거의 세상에 영향을 주게 됩니다. 이런 작은 영향도 시간이 흐르면서 미래에 아주 큰 차이를 만들어낼 수 있기 때문이죠. 그렇다면 비록 과거로의 시간 여행이 가능해서 과거로 가더라도 우리는 과거에 존재하는 어떤 것과도 아무런 상호작용을 할 수 없다는 말이 됩니다. 심지어 보고 들을 수도 없을 텐데, 그것이 정말 과거로 가는 것일까, 하고 생각해보면 고개를 갸웃하게 되는 거죠.

중력파는 시공간의 떨림이라고?

요즘 '중력파'라는 단어가 뉴스에서 자주 보이고, 또 굉장히 화제더라고요. 이를 검출해낸 과학자가 노벨상을 받았다는 소식도 들었는데, 중력파가 도대체 뭔가요? 이를 이용해 무엇을 할 수 있나요?

아인슈타인의 일반 상대성 이론이 등장하기 전까지, 물리학자들은 중력이 단순히 멀리 떨어진 두 물체가 주고받는 어떤 신비로운 힘이라고만 생각했습니다. 하지만 아인슈타인은 중력이 어떻게 작용할 수 있는지에 대해 전혀 다른 해석을 내놓았죠. 바로 시공간이라는 무대가 존재하고 그 위에 물체가 놓일 때 시공간이 왜곡되면서 생기는 곡률이 바로 중력의 본질이라는 것을 알아냈습니다. 마치 트램펄린 위에 무거운 볼링공을 올려놓는 상황을 생각해보면 비슷하죠. 볼링공이 올라간 트램펄린은 볼링공을 중심으로 움푹하게 왜곡됩니다. 이제 그 주변에 작은 구슬을 하나 둔다고 생각해보죠. 그러면 구슬은 자연스럽게 볼링공 쪽으로 휘어진 트램펄린의 곡률을 따라 굴러 내려갑니다. 그런데 우리가 시공간의 곡률을 시각적으로 볼 수 없듯이, 트램펄린의 모습을 볼 수 없다고 생각해봅시다. 그러면 우리에게 그 전체 과정이 어떻게 느껴질까요? 정확하게 볼링공 쪽으로 작은 구슬이 끌려가는 것처럼 보일 겁니다. 둘 사이에 서로를 잡아당기는 힘이 작용한다고 생각할 수도 있겠죠. 아인슈타인이 떠올린 중력의 본질이 바로 이겁니다.

중력을 시공간의 곡률로 이해하고자 했던 아인슈타인의 생각이 맞는다면, 우리는 한 발짝 더 나아갈 수 있습니다. 우주에 존재하는 모든 천체는 단순히 우주 공간에 가만히 떠 있지 않죠. 빠르게 우주 공간을 움직이고, 또 회전하기도 합니다. 이러한 천체들의 움직임은 주변 시공간에도 떨림을 일으킬 수 있죠. 아까 예로 들었던 트램펄린을 다시 떠올려볼까요? 이번에는 트램펄린에 올려두었던 볼링공을 가만히 두지 말고, 빠르게 한쪽으로 굴린다고 생각해보세요. 그러면 볼링공이 구르면서 발생하는 떨림이 트램펄린 위로 고르게 퍼져 나갈 겁니다. 바로 이렇게 우주의 시공간을 타고 퍼져 나가는 시공간 자체의 떨림을 '중력파'라고 합니다.

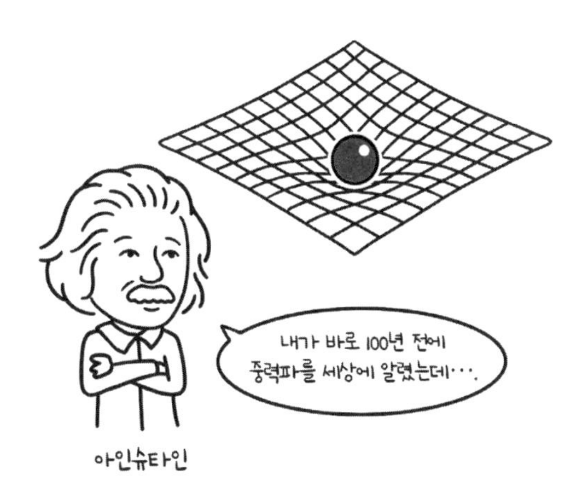

중력파는 이름에 '파波'라는 글자가 들어갑니다. 하지만 우리에게 더 익숙한 기존의 전파, 전자기파와는 매우 다릅니다. 전자기파는 말 그대로 빛이죠. 우리는 그동안 적외선, 자외선, 전파, 가시광선, 엑스선, 감마선 등 다양한 파장의 빛으로 우주를 관측했습니다. 그리고 눈으로 볼 수 없었던 다양한 모습의 우주까지 확인할 수 있었죠. 하지만 여전히 빛이 허락하는 세계만 볼 수 있을 뿐입니다. 만약 너무 밀도가 높아서, 빛조차 자유롭게 퍼질 수 없는 세계를 보고자 한다면, 또는 너무 에너지가 낮아서 어지간한 검출기로는 확인하기 어려운 미미한 빛의 흔적만 나오고 있는 천체를 살펴야 한다면 현재 관측 기기로는 그 모습을 확인하기 어렵습니다.

그런데 바로 이 한계를 넘어서는 역할을 중력파가 대신해줄 수 있습니다. 앞에서도 말했듯이 중력파는 이름에 '파'가 들어가는,

파동의 성질을 갖는 존재입니다. 하지만 본질에서 우리에게 익숙한 일반적인 빛, 전자기파와는 다릅니다. 중력파는 시공간 자체의 떨림이죠. 따라서 빛이 가로막히더라도, 중력파는 시공간을 타고 우리에게 전달될 수 있습니다.

예를 들어, 우리는 빛을 통해 태양 표면까지만 볼 수 있습니다. 태양 내부는 빛으로 볼 수 없죠. 너무 높은 밀도로 입자들이 모여 있어서 그 내부를 빛으로 꿰뚫어 볼 수 없습니다. 그런데 만약 오늘날의 검출기보다 더 미세한 수준까지 시공간의 떨림을 감지할 수 있는 검출기를 활용한다면, 태양 내부에서 어떤 기작(메커니즘)이 벌어지고 있는지를 중력파 관측을 통해 확인하는 것이 가능해집니다! 태양 내부를 직접 들여다볼 수는 없지만, 태양 주변에 청진기를 대고 그 속에서 퍼져 나오는 내부의 떨림을 감지할 수 있다는 말이죠.

이처럼 천문학자들과 물리학자들은 중력파를 우주를 보는 새로운 눈으로 활용하기 위해 다양한 연구를 이어가고 있습니다. 저는 문득 이런 이야기를 던져보고 싶은데요. 어찌 보면 과학의 발전은 단순히 과학 분야뿐 아니라 문학, 예술 등 여러 분야의 교과서도 바꿀 수 있을 거로 생각합니다. 중력파라는 것이 존재하고, 그것을 우리가 감지할 수 있다는 걸 알기 전까지 "중력을 본다"라는 표현은 시각적으로 볼 수 없는 중력을 '본다'라고 표현하는 문학적이고 공감각적 비유에 그쳤을 겁니다. 그런데 중력파

관측이 일상이 되어버린 지금, 더는 “중력을 본다”라는 표현은 문학적이고 어색한 표현이 아닙니다. 지극히 당연한 문장이죠. 이처럼 과학의 발전은 과학 자체뿐 아니라, 우리가 우주를 인식하는 관점 자체를 바꾸고 있습니다.

중력파가 왜 중요할까?

이제 중력파라는 것이 무언지는 좀 알겠는데요. 어떤 기사를 보니까 중력파의 발견에 전 세계 과학자들이 흥분의 도가니에 빠졌다고 표현하더라고요. 2020년대 들어 과학 기술이 급속히 발전하면서 다른 놀라운 발견도 많았을 텐데 중력파가 유독 주목을 받는 이유가 있을까요?

한마디로 중력파는 인류에게 완전히 다른 세상의 모습을 보여줄 수 있기 때문에 지대한 관심을 받고 있죠. 우선 우리가 알아야 할 것이 하나 있습니다. 인류의 과학 수준은 어느 단계에 와 있을까요? 인간의 사고능력을 뛰어넘는 일반인공지능AGI이 그리 머지않은 미래에 출현할 수도 있다고 하니 과학이 짧은 시간에 비약적으로 발전한 건 인정해야겠죠. 그렇다면 현재 인류는 우주의 모든 것을 하나의 원리로 설명할 수 있을까요? 안타깝지만 아직 그런 이론을 찾아낸 과학자는 없습니다. 인간이 살아가는 거시 세계를 기술하는 고전역학과 아주 작은 미시 세계를 기술하는 양자역학을 찾아냈다는 것은 물론 아주 놀라운 성취지만 말이죠.

이와 관련한 아인슈타인과 닐스 보어의 논쟁은 무척 인상적입니다. 전자electron가 확률적으로 존재한다는 양자역학 연구자들의 주장에 "신은 주사위 놀이를 하지 않는다"라고 아인슈타인이 조롱하자 닐스 보어는 "신이 주사위 놀이를 하든 말든 당신이 상관할 바가 아니다"라고 반박했죠. 결국 후속 연구 결과는 양자역학의 손을 들어줬습니다. 지금 인류는 인간이 일상에서 경험하는 거시 세계를 설명하는 원리가 전자 단위의 미시 세계에 곧바로 적용될 수 없다는 것을 이해하고 있어요. 하지만, 근본적인 수준에서 고전역학은 더 커다란 이론 체계인 양자역학의 일부분이라고 할 수 있습니다.

과거의 인류에게도 비슷한 상황이 있었습니다. 기원전부터 17세기까지 수천 년 동안 인류는 하늘 위의 천상 세계와 지상의 세계가 다른 원리에 따라 움직인다고 철석같이 믿었습니다. 그러다가 갑자기 천재 중의 천재이자 위대한 과학자인 아이작 뉴턴이 나타나 나무에서 떨어지는 사과나 지구 주위를 돌고 있는 달이나, 이 모든 것을 지배하는 '보편중력의 법칙'에 따른다는 사실을

발견하게 됩니다. 그렇게 탄생한 뉴턴 역학은 하늘 위 까마득한 곳에서 빛나는 별이나 지상의 나무에 달린 사과 한 알이나 같은 원리로 움직인다는 사실을 증명한 거죠. 물론 뉴턴의 중력은 아인슈타인의 일반 상대성 이론에 의해 '시공간의 곡률'이라는 다른 개념으로 수정됐지만 하나의 원리로 우주를 이해할 수 있는 단초를 제공했죠. 저는 과거의 뉴턴 역학이 천상과 지상의 운동을 통합했듯이, 언젠가는 일반 상대성 이론과 양자역학을 동시에 설명하는 소위 '모든 것의 이론theory of everything, ToE'이 탄생할 것이라는 기대를 놓지 않고 있습니다.

아인슈타인은 1916년 일반 상대성 이론의 장場방정식으로부터 출발해 파동방정식을 유도하여 중력파의 존재를 예측했습니다. 쉽게 말하면 질량을 가진 물체가 움직이면 마치 출렁이는 그

물에서 볼 수 있는 것처럼 시공간의 변형이 파동처럼 빛의 속도로 우주를 가로질러 퍼져 나간다는 거죠. 잔잔한 호수 위에 돌멩이를 던지면 그 무게와 던진 속도에 따라 다른 크기의 물결이 발생해서 수면 위로 퍼져 나가는 모습과 비슷합니다. 중력의 변화가 시공간 변형의 형태로 파동처럼 퍼져 나가는 것을 중력파라고 부르는데, 그 세기가 굉장히 약해서 검출해내는 건 무척 어려운 일이었죠.

중력파의 중요성이 여기서 등장합니다. 빅뱅 이후 약 138억 년의 시간이 흘러 우주의 온도가 낮아지면서 전기적으로 중성인 원자가 형성되고 나서야 처음으로 투명해진 우주를 빛이 자유롭게 움직이게 됩니다. 우주가 투명해지기 이전의 빛을 우리가 관찰할 수는 없습니다. 최첨단 전파망원경으로도 측정 자체가 불가능하죠. 만약 인류가 중력파를 자유롭게 활용할 수 있다면 우주의 오랜 과거의 비밀을 파헤칠 수단을 갖게 됩니다. 그뿐만 아니라 중력파는 우주 대부분을 차지한 암흑물질과 암흑에너지의 정체를 알 수 있는 비밀의 문을 우리에게 열어줄 수도 있습니다. 암흑물질은 중력의 영향을 분명히 받지만 다른 형태의 상호작용은 아주 약하거든요. 중력파라는 새로운 수단을 이용하면 블랙홀의 충돌 과정을 연구할 수도 있어요. 이런 연구들로 충분한 지식이 누적되면, 어쩌면 미래에는 중력과 양자역학을 통합하는 이론이 형성될 수도 있겠다는 기대를 합니다.

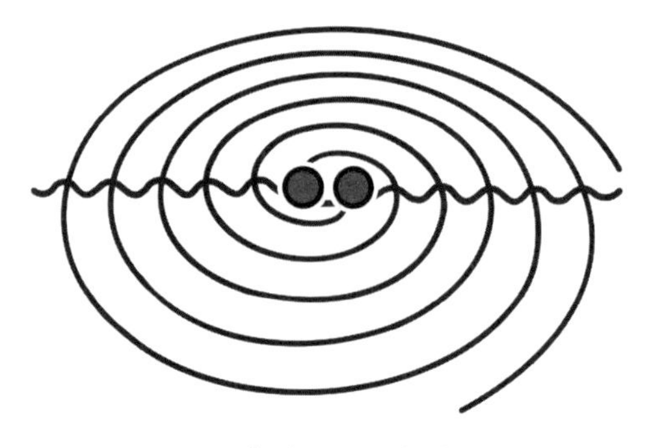

사공간을 일그러뜨리는 중력파

예전에 유행했던 표현이 언뜻 떠오르네요. 우리가 어떤 미래를 상상하든 중력파는 그 이상을 보여줄 겁니다. 질량을 가진 물체가 움직일 때 발생하는 것이 중력파라면, 전하를 띤 입자가 진동할 때 발생하는 것이 전자기파인데요. 하인리히 루돌프 헤르츠는 전자기파의 존재를 증명한 과학자로 유명하고, 그 공로로 주파수의 단위에도 그의 이름이 사용되고 있죠. 그런데 정작 그는 연구에 성공하고서도 이렇게 말했다고 합니다.

“전자기파라는 건 아무 쓸모가 없을 것 같군.”

그런데 현재 전자기파는 인류의 모든 생활에 혁명을 일으켰다고 해도 과언이 아닙니다. 빠른 속도로 인터넷 통신을 할 수 있고, TV를 볼 수 있고, 전자레인지나 인덕션 히터 같은 편리한 가전제품을 사용할 수 있습니다. 편리하게 길을 알려주는 내비게이션과 MRI나 엑스레이, 적외선 치료기 등의 의료기기도 모두 전자기파를 활용하죠. 만약 중력파가 전자기파와 같은 기술 혁명을 인류에게 선물한다면 정말 우리가 불가능하다고 믿었던 공상과학 영화 속 여러 기술이 현실이 될 가능성이 있는 거죠. 1916년 아인슈타인이 중력파의 존재를 예측한 후 지난 2015년이 되어서야 최초로 관측에 성공했습니다. 지난 100여 년의 과학사에서 가장 중요한 발견으로 꼽히는 이유가 여기에 있습니다.

수억 광년 거리에서 머리카락 두께보다 작은 차이를 구분할 수 있을까?

아인슈타인이 중력파를 예측한 것이 1916년 무렵이었다면 무려 100년 가까이 발견하지 못한 거잖아요. 그동안 과학 기술이 얼마나 빠른 속도로 발전해왔는가를 생각하면 잘 납득이 되지 않는데요. 그런데 결국 중력파를 찾아냈다는 기사가 나온 걸 보면, 그동안 있는 걸 못 찾았다는 이야기인데, 그게 왜 그렇게 어려웠나 하는 생각이 듭니다.

중력파를 검출하려면 얼마나 극단적인 정밀도를 갖추어야 하냐면, 10광년 거리에서 머리카락 두께보다 작은 변화를 측정할 수 있어야 합니다. 1초에 30만 ㎞를 가는 빛이 10년 동안 이동한 거리에서 머리카락 두께 정도의 변화를 확인해야 하는 거죠. 중력파를 예측한 아인슈타인조차 인류가 중력파를 발견하지 못할 거라고 단언할 정도였죠.

중력파를 확인하기 어려운 이유는 우주에 존재하는 4가지 기본 힘 중 다른 3가지 힘인 강한 핵력, 약한 핵력, 전자기력과 비교하면 중력이 아주 약하기 때문입니다. 그렇다고 진짜로 무시하면 안 되는 게 질량이 많이 모이면 중력은 얼마든지 커질 수 있어서 태양보다 훨씬 큰 질량을 가진 블랙홀 같은 천체의 중력은 빛마저도 탈출하지 못할 정도로 강해지죠.

2015년에 지구로부터 13억 광년 떨어진 곳에서 2개의 블랙홀이 충돌하면서 발생한 중력파를 검출하는 데 성공합니다. 한국과 미국 등을 포함하는 15개국 1,000여 명의 과학자가 협력하는 레이저간섭계중력파관측소(LIGO, 라이고)라는 곳이 그 주인공이었는데요. 중력파를 검출한 라이고 프로젝트를 선두에서 이끈 3명의 과학자는 2017년 노벨물리학상까지 받았습니다. 라이고는 도대체 어떻게 그런 작은 변화를 관측해낼 수 있었을까요?

관측소의 이름 LIGO^Laser Interferometer Gravitational-Wave Observatory^에 이미 힌트가 들어 있습니다. 관측소는 'ㄱ'자 형태로 직각을 이룬 4㎞ 길이 진공터널 2개로 구성되어 있습니다. 레이저 장치로 터널 끝에 달린 거울을 향해 직각 방향으로 두 빛을 발사하면 반사되어 다시 원점으로 돌아올 겁니다. 아무런 외부 영향이 없다면 반사되어 돌아오는 두 빛의 파동은 일치하겠죠. 만약 중력파가 존재해서 시공간이 물결처럼 출렁여서 한쪽 방향으로 지구에 도달한다면 서로 직각을 이루며 왕복한 두 빛은 간섭 효과를 만들어낼 테고, 연구진은 그 효과를 측정할 수 있는 거죠. 실제 관측된 데이터 값에는 여러 다른 요소가 미친 영향이 섞여 있어서 매우 정밀한 분석기법으로 중력파 신호만 걸러내야 합니다.

라이고는 같은 구조의 시설을 미국 동부 루이지애나주의 리빙스턴과 서부 워싱턴의 핸퍼드 등 두 군데에 설치해서 동일한 관측을 동시에 수행하고, 그 결과를 비교해 정확성과 정밀도를 검증합니다. 라이고가 어느 정

미국 루이지애나주 리빙스턴에 있는 레이저간섭계중력파관측소(LIGO)의 전경.
출처: LIGO

도로 정밀한 관측을 수행할 수 있냐면, 무려 원자핵을 이루는 양성자 크기의 1000분의 1밖에 안 되는 작은 변화까지 잡아낼 수 있다고 합니다.

라이고는 2016년 중력파를 처음으로 검출하는 데 성공한 이후, 관측의 정밀도를 높이는 장비를 보강하고 기법을 개발해 블랙홀 충돌에 따른 중력파 80개 이상을 찾아냈습니다. 중성자별의 충돌에 따른 중력파 역시 2개를 발견했죠.

달에 다시 사람을 보내는 이유는 뭘까?

아폴로 계획인가요? 1969년에 인간이 달에 갔다는데, 제가 태어나기도 전입니다. 그렇게 오래전에 사람이 달에 가서 돌아다녔다는 게 사실 잘 믿기지 않아요. 그래서 달에 간 적도 없는데 사진을 조작해서 거짓 발표를 했다는 음모론이 있나 봐요. 제가 음모론에 거의 설득될 뻔했는데, 저 나름대로 공부해보니 사실이긴 한 것 같더라고요. 미국과 소련이 서로 자기가 더 잘나간다는 식으로 체제 경쟁을 하던 게 아폴로 계획의 계기였다고 하던데, 이번에 다시 미국에서 달에 사람을 보낼 계획을 세웠다면서요?

미국 NASA는 과거 아폴로 계획을 성공적으로 수행하며 무려 6차례에 걸쳐 12명을 달에 보냈습니다. 하지만 인간의 달 방문이 계속 이어지지는 못했는데요. 그 이유는 소련

과의 체제 경쟁이 미국의 승리로 끝나자 더는 체제의 우월성 과시에서 촉발된 우주 개발에 국민의 관심이 식은 데다가 엄청난 비용에 비해 뚜렷한 이익이 없어서 비난 여론이 들끓었기 때문입니다.

50여 년 전에 선배들이 수행하려 했던 아폴로 계획의 목표는 달의 지표면에 착륙해서 하루 이틀 정도 샘플을 수집하고 지구로 돌아오는 것이었습니다. 그러니까 장기 체류가 아니라 마침내 인간이 달에 깃발을 꽂고 돌아온다는 사실 그 자체에 큰 의미를 두었던 것이죠.

1970년대에 종료된 아폴로 계획에 이어 2000년대 후반에 미국은 달을 거쳐 화성 그리고 그 너머 우주까지 유인 탐사우주선을 보내겠다는 야심 찬 계획인 컨스텔레이션 계획Project Constellation을 발표합니다. 하지만 2008년 금융위기가 미국 경제를 강타하면서 재원 마련이 여의치 않아 흐지부지되고 말았죠. 그러다가 2017년에 당시 미국 대통령이었던 트럼프가 다시 아르테미스 계획Artemis Program을 발표합니다. 이 프로젝트는 미국의 NASA가 주도하기는 했지만 세계 각국의 우주 기구와 관련 민간기업들이 협력하고, 우리나라도 2021년 5월에 10번째 참여국이 된 거대 국제 프로젝트입니다. 인간을 달에 보낸 첫 번째 계획의 이름이 그리스 신화에 나오는 태양의 신 아폴로였다면, 두 번째 계획은 아폴로의 누이동생인 달의 여신 아르테미스의 이름을 빌렸습니다. 명

칭에 걸맞게 이번 달 탐사에서는 여성 우주인이 먼저 달 표면을 밟게 한다고 하네요. 아르테미스 계획이 현재의 계획대로 진행된다면 아폴로 17호 이후 53년 만인 2025년에 인류는 다시 달에 발을 내딛게 될 겁니다.

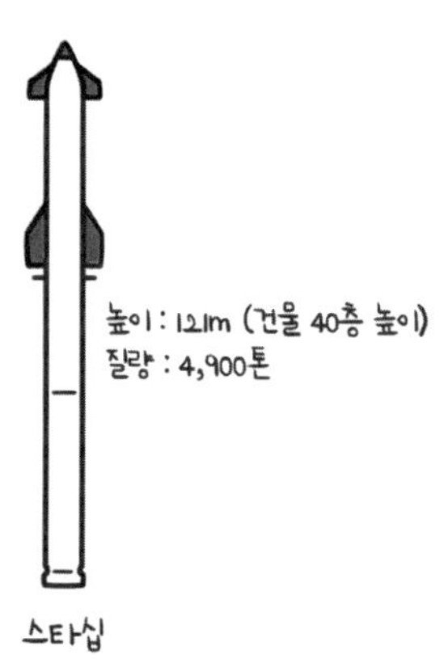

스타십

로켓 역사상 가장 강력한 스페이스X의 스타십.
아르테미스 달 착륙선으로 NASA는 스타십 우주선을 선정했다.

이번에 진행되는 아르테미스 계획의 궁극적 목표는 짧게는 일주일, 길게는 한 달 가까이 달 지표면 위에서 사람들이 살아보겠다는 겁니다. 본격적으로 지구 궤도가 아닌 달에서 사람들이 살아갈 수 있는 우주 기지를 만들겠다는 거죠. 이 계획에 포함된 흥미로운 구상은, 지금 지구 주변을 국제우주정거장이 돌고 있는 것처럼 '루나 게이트웨이Lunar Gateway'라는 이름의 우주정거장을 달 궤도에 상주시키겠다는 겁니다. 지구 궤도 위의 우주정거장처럼 달 궤도의 우주정거장에서 우주인을 1년, 2년 살게 한다는 거죠. 그러면 굳이 매번 사람을 지구에서 직접 보내는 게 아니라 우주정거장에서 편리하게 착륙선을 이용해 더 쉽게 왕래할 수도 있겠죠. 달 궤도에 중간 기착지가 있다면 지구까지 우주선이 왕복하는 것도 훨씬 수월할 테고요.

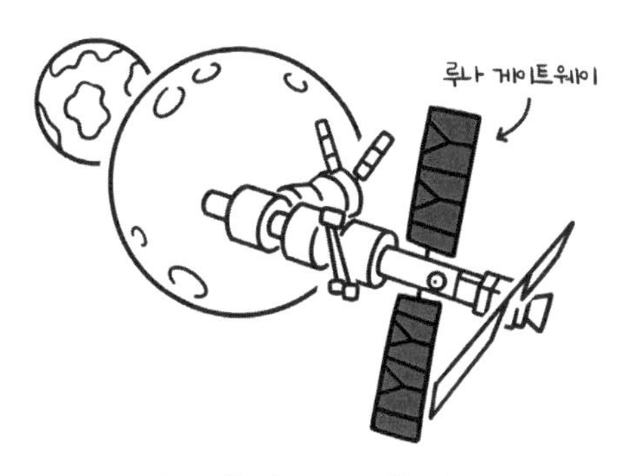

NASA의 목표는 달 궤도를 도는
새로운 우주정거장을 건설하는 것!

달 표면에는 희토류rate earth가 풍부하다고 알려져 있습니다. 지구에서 희귀한 자원이라고 해서 희토류라고 불리는데, 실제로는 희귀한 금속이라기보다는 여러 광물에 조금씩 흩어져 있다 보니 순수한 상태로 추출하거나 분리하기가 너무 어려워서 붙여진 이름입니다. 희토류는 반도체를 만드는 데 꼭 필요한 자원이죠. 희토류 매장량이 가장 많은 중국이 미국의 무역 제재에 맞서 희토류를 수출하지 않겠다고 하자 미국은 달에서 직접 채취해 오겠다며 맞대응하고 있습니다. 이뿐만 아니라 달에는 헬륨3라는 자원도 풍부한데요. 인류의 차세대 핵심 연구과제인 핵융합 발전을 위해서는 헬륨3가 필요합니다. 달에는 이 헬륨3가 100만 톤 이상 매장돼 있을 거로 추정됩니다. 핵융합로를 만들려면 아직 해결해야 할 과제가 첩첩산중이긴 하지만 헬륨3 1g이면 대략 석탄 40톤에 해당하는 에너지를 만들 수 있다고 하니 인류의 에너지 문제가 완전히 해결될 수도 있겠죠. 그렇지만 우주 자원을 개별 국가가 독점적으로 사용할 수 있는지는 아직 국제적으로 뚜렷하게 합의된 바가 없습니다. 1967년 유엔은 60개국의 동의를 얻어 우주 조약을 체결했지만 '우주 공간과 천체는 모든 인류에게 권리가 있다'라고 명시했을 뿐 우주 자원 활용과 관련해서는 구체적인 내용을 정해놓지 않았으니까요.

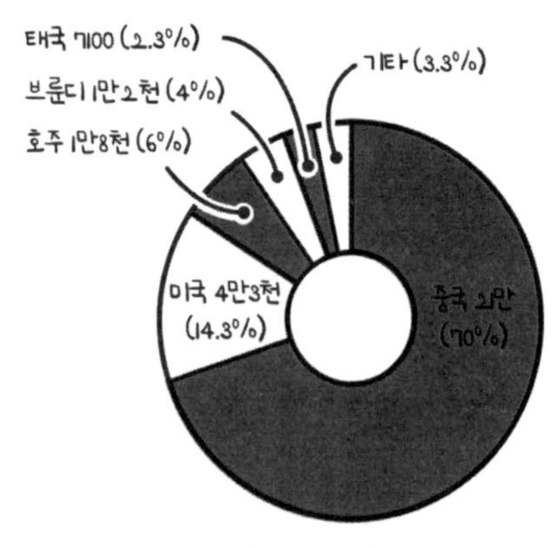

국가별 희토류 생산량
단위: t

달에서 사람이 살 수 있을까?

밤하늘에 떠 있는 달에 그런 소중한 자원이 묻혀 있다는 게 참 신기하네요. 그렇다고 해서 공기도 없는 달을 사람이나 다른 생명체가 지구에서처럼 살아갈 수 있는 환경으로 만든다는 건 불가능한 거 아닌가요?

당연히 자연 그대로의 달은 사람이 생존할 수 없는 환경이죠. 일단 지구와 같은 두터운 대기권이 존재하지 않습니다. 그래서 생명체가 호흡할 수가 없죠. 표면이 거의 진공 상태와 마찬가지여서 보온 효과가 없고, 낮과 밤에 따라 영상 100℃ 이상과 영하 100℃ 이하를 오갈 정도로 기온차가 극심합니다. 우주에서 치명적인 방사선도 거침없이 들어와 꽂히죠. 또 실제 돌덩이가 우주 공간에서 날아와 지표면과 충돌해 폭탄처럼 터지는 일이 흔하게 발생합니다. 달 표면에 곰보빵처럼 울퉁불퉁 패인 구덩이crater가 많은 것은 다 이런 이유에서입니다. 그 역시 방어막 역할을 해야 할 대기권이 없어서 그렇습니다.

우리는 무신경하게 살아가지만 지구에도 날마다 무수히 많은 돌덩이가 떨어지고 있습니다. 우주에는 천체가 탄생하거나 소멸하면서, 또 혜성이나 소행성이 지나가면서 남긴 부스러기들이 많거든요. 하지만 대부분 지구 대기권과의 마찰로 불타서 사라지고 일정 크기 이상의 것들만 지상으로 떨어지죠. 달에는 지구의 호수나 바다처럼 물이 고여 있는 곳도 없습니다. 다만, 과거에는 달에 물이 아예 없다고 생각했지만, 최근 달의 극지방에 많은 양의 얼음이 존재한다는 사실이 밝혀지긴 했습니다.

달의 대기가 이렇게 희박한 이유는 무엇일까요? 우선 중력이 약하기 때문입니다. 달의 질량은 대략 지구 질량의 80분의 1 정도여서, 질량에 비례하는 중력 역시 지구의 6분의 1 수준이죠. 그래서 우주선이 지구를 벗어나려면 초속 11㎞가 넘는 속도가 필요하지만, 달에서는 대략 초속 2.5㎞ 정도의 속도면 우주 공간으로 탈출할 수 있습니다. 대기도 마찬가지여서 더 쉽게 달의 중력을 벗어나 사라져버리는 거죠.

또 다른 이유는 태양풍solar wind입니다. 태양풍은 말 그대로 태양에서부터 불어오는 강력한 바람입니다. 지구 위에서 부는 바람과 다른 점은 태양의 핵융합 반응 과정에서 생기는 양성자, 전자, 미립자와 같은 이온 입자들이 강력한 에너지를 품고 바람이 되어 불어온다는 거죠. 이 입자들이 지구 극지방의 대기층에서 산소나 질소 분자와 만나면 이온화 반응을 일으키는데, 이때 발생하는 아름다운 빛이 바로 오로라 현상입니다.

만약 인간이 태양풍에 직접 노출된다면 어떻게 될까요? 태양풍에 들어 있는 고高에너지의 치명적인 방사선 입자들이 인간의 DNA를 조각조각 끊어버릴 테고, 심한 경우 단 며칠 만에 생명을 빼앗아갈 수도 있습니다. 지구에는 태양풍을 막아내는 방어막이 존재합니다. 하지만 달에는 아무런 보호장치가 없어서 태양풍이 그대로 들이닥치고 그나마 약한 중력으로 가까스로 붙잡고 있던 대기마저 쓸어가 버리는 거죠.

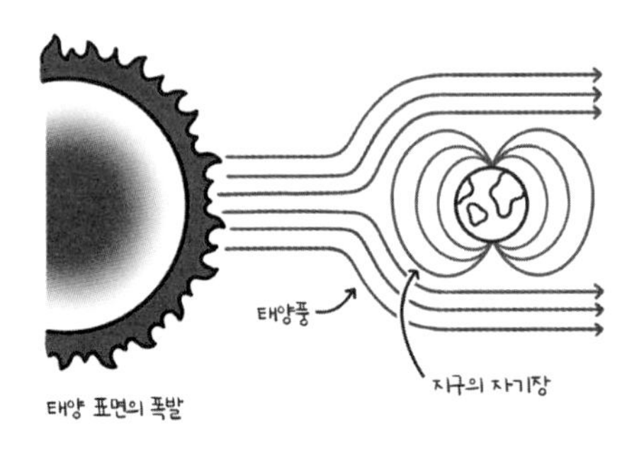

그렇다면 우리를 태양풍으로부터 안전하게 지켜주는 방어막인 대기권이 지구에 존재할 수 있는 이유는 무엇일까요? 지구가 강력한 자석이기 때문입니다. 강력한 자기력선이 막대자석의 N극에 해당하는 지구의 남극에서 나와 자석의 S극에 해당하는 지구의 북극으로 흐르면서 전하를 띤 태양풍 속 입자들을 밀어내는 거죠. 지구는 다른 천체와 비교할 때 자신의 덩치보다 아주 강력한 자기장을 내뿜어 스스로를 보호하고 있는데요. 이는 마치 〈스타트렉〉 시리즈 같은 SF 영화에서 외계인에게 공격을 받는 우주선이 둥그렇게 방어막을 펼치는 장면과 꽤 비슷합니다.

지구 자기장이 발생하는 이유를 과거에는 지구 내부에 강력한 영구자석이 존재해서일 거라고 편리하게 생각한 적도 있었지만, 현재는 지구 내부의 외핵 층에 철과 같은 자기를 띤 금속이 녹아서 액체 상태로 흐르면서 전류가 흐르는 전자기 유도 현상이 발생하고, 그에 따라 자기장이 반복해서 유지된다는 다이나모 이론

dynamo theory이 가장 강력한 지지를 받고 있죠. 달에도 자기장이 존재하긴 하는데, 그 강도가 지구와는 비교할 수 없을 정도로 약합니다. 특히 지구처럼 남극에서 북극으로 흐르는 거대한 쌍극자 형태의 자기장이 아니라 이곳저곳에 부분적으로 존재한다는 특징이 있습니다. 그래서 달에서는 나침반을 가지고는 방향을 알 수가 없죠. 이렇게 달에서 사람이 살 수 없는 이유를 따지다 보면 오히려 우리가 사는 지구라는 행성이 얼마나 고맙고 대단한지를 깨달을 수 있습니다.

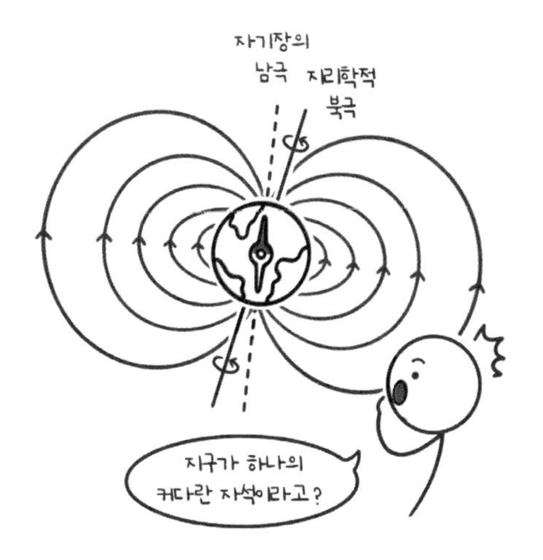

달 표면에서 발견되는 미스터리한 소용돌이?

보름달이 밝게 뜨면 맨눈으로 올려다보더라도 이런저런 표면의 무늬들을 구별할 수 있는데요. 정말 방아 찧는 토끼처럼 보이기도 합니다. 그런데 실제로는 어떤 생명체도 살기 힘든 죽음의 땅이군요. 갈릴레오의 표현처럼 달 표면은 때때로 운석이 날아와 충돌하는 것을 제외하곤 아무런 움직임도 없는 고요한 죽음의 바다가 맞겠네요.

깜깜한 밤하늘에 노랗게 빛나는 달을 보면 표면의 무늬가 토끼처럼 보이기도 하는데요. 이것은 달의 바다라고 불리는 평탄한 저지대에 그림자가 드리우면서 생긴 무늬입니다. 놀라운 사실은 따로 있어요. 우리에게 보이지는 않지만 달의 뒷면은 완전히 다르게 생겼다는 것입니다. 특정 무늬처럼 보이는 거뭇한 음영 지역은 거의 보이지 않고 울퉁불퉁한 크레이터로 가득합니다. 또 대부분 지형이 앞면보다 밝은색을 띠고 있죠. 언뜻 태양 쪽 공간은 열려 있어서 지구 쪽으로 막혀 있는 앞면보다 더 많은 운석이 떨어졌고 그로 인해 생긴 흔적이라고 생각하기 쉬운데요. 지구와 달 사이의 공간 역시 지구를 30개 정도 일렬로 줄 세울 수 있을 만큼 무척 넓어서 지구가 운석을 막아주기에는 역부족입니다.

천문학자들은 오히려 원래 뒷면과 같은 모습이었던 앞면이 특별한 계기로 지금처럼 변했다고 생각합니다. 약 40억 년 전에 달의 남극 부분에 거대한 운석이 떨어지면서 엄청나게 높은 열이 발생했고, 그로 인한 활발한 화산 활동으로 분출된 엄청난 양의

마그마가 표면을 덮어버리면서 넓은 저지대인 달의 바다가 형성됐다고 추정하죠. 특히 토끼 무늬의 그림자가 있는 지역에는 크립KREEP*이라고 불리는 지구에선 보기 드문 희귀한 방사성 원소들이 많이 밀집되어 있는데, 이 원소들로 이루어진 고에너지의 광물들이 뿜어내는 열로 더 활발한 화산 활동이 이루어졌을 거로 생각합니다.

지구에서 바라볼 때 우리는 달의 한 면밖에 보지 못합니다. 그래서 우리에게 보이지 않는 뒷면과 관련해 그럴듯한 음모론이 떠돌기도 하는데요. 달 자체가 UFO라거나, 달에 외계인의 지하기지가 있다거나, 히틀러가 나치 잔당과 함께 도망가 살고 있다는 등 믿거나 말거나 수준의 괴담이죠. 심지어 강연하러 갔을 때 실제로 이런 질문을 받은 적이 있습니다. 그런데 황당한 건, 우리에게 보이지 않는 달의 뒷면 사진이 간단히 인터넷 검색만 해도 쉽게 나온다는 거죠. 지구처럼 달 주변에도 탐사선들이 궤도를 빙글빙글 돌면서 이곳저곳의 사진을 계속 찍고 있거든요. 그래서 이미 달의 전체 지도가 완성되어 있고, 누구나 볼 수 있도록 공개도 되어 있습니다.

이렇게 달의 한쪽 면이 우리에게 보이지 않는 건, 달이 지구를 도는 공전주기와 달의 자전주기가 27.3일가량으로 같아서입니다.

---

* 칼륨의 원소기호 K, 지구에 희귀한 원소라는 뜻의 REER(Rare Earth Elements), 그리고 인의 원소기호 P를 이어서 붙인 이름이다. 요상한(creep) 원소들이라는 뜻으로 조합한 중의적 용어이기도 하다.

이건 아래 그림으로 이해하면 그 원리를 알기 쉽습니다. 이렇게 위성의 동일한 공전주기와 자전주기 때문에 주행성에서 한쪽 면만 볼 수 있는 현상을 동주기자전 또는 조석고정이라고 부르는데, 꼭 지구와 달 사이에만 나타나는 특별한 일은 아닙니다. 우리 태양계에서도 목성이나 토성 주변의 위성에서 흔하게 발견되는 현상이죠. 동주기자전으로 지구는 달의 한쪽 면만 볼 수 있다면, 달에서는 지구가 하늘 한 곳에 움직이지 않고 고정된 것처럼 보입니다.

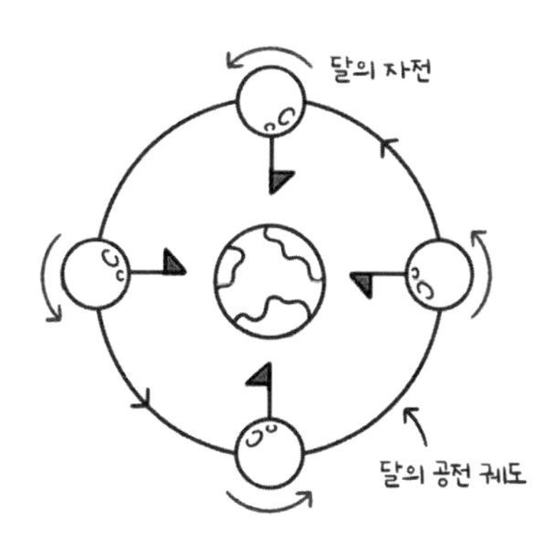

달의 공전주기와 자전주기

달 표면은 좀체 아무런 일도 일어나지 않는 고요의 바다일 것 같지만, 실은 그렇지 않습니다. 주변보다 이상하게 밝은 소용돌이가 곳곳에서 발견되거든요. 헤나(염료)로 문신을 그린 것처럼 무척 아름다운 패턴을 보여주는데요. 도대체 대기가 거의 없는 달에서 어떻게 소용돌이가 만들어질 수 있을까요? 소용돌이가 만들어진다는 건 달 표면에 움직이는 무언가가 있다는 얘긴데요. 아직 우리는 그 이유를 정확히 알지 못한 채 몇 가지 추정만 할 따름입니다.

과학자들은 소용돌이가 이는 지역에서만 관측되는 자기장과 어떤 관련이 있지 않을까 추정합니다. 여기엔 2가지 가능성이 있는데요. 먼저 달에 떨어진 수많은 혜성과 같은 천체에 포함되어 있던 전하를 띤 이온 입자가 한 지역에 차곡차곡 쌓이면서 자기장이 만들어졌고 다시 더 많은 입자를 끌어들였다는 가설을 세울 수 있습니다.

두 번째로 애초에 무슨 이유에선지 자기장이 강한 곳이 있었고 그 주변에 떨어진 천체의 입자들을 끌어들여 소용돌이가 형성됐을 거라는 가설도 가능하죠. 자기장이 강해서 소용돌이가 생긴 건지, 소용돌이가 생기면서 자기장이 강해진 건지, 그 선후 관계가 확실하지 않아서 2가지 가설이 다 가능한 겁니다.

달은 지구와 같은 자기장이 없어서 강력한 태양풍에 그대로 노출되어 풍화됩니다. 지질학적으로도 죽어 있는, 즉 비활성인 천체로 여겨져 왔습니다. 그런데 이 소용돌이 주변만큼은 자기장이 강해서 비교적 태양풍으로부터 피해를 덜 받고 지질학적으로도 잘 활성화되어 있죠. 만약 인류가 장기적으로 달 표면에 기지를 짓는다면 역시 태양풍의 피해를 받지 않는 방법을 찾아야 합니다. 그런 측면에서도 달의 소용돌이가 주목을 받는 거죠. 이번 유인 달 탐사 아르테미스 계획의 주요한 연구과제이기도 합니다. 과연 달의 소용돌이는 우리가 알지 못하는 어떤 놀라운 비밀을 품고 있을까요?

어떻게 수십억 년 동안
태양은 이글이글 탈까?

우주에는 중심이 없다고 하지만 태양계의 중심에는 태양이 있잖아요. 지구가 속한 태양계에서는 오직 태양만이 어두운 우주 공간을 밝히고 에너지를 내뿜는 생명의 근원이어서 현대의 많은 종교가 태양을 숭배하던 이집트 고대 신앙에 뿌리를 두고 있다는 말도 그럴 만하다는 생각이 듭니다. 궁금한 건 아무리 큰 가스통이더라도 불이 붙으면 한 번에 펑 하고 터져버리잖아요. 그런데 태양도 수소라는 가스 덩어리라던데 어떻게 수십억 년 동안 계속 불이 붙어 있을 수 있죠?

태양 같은 별은 수소 핵융합으로 에너지를 발산합니다. 그리고 핵융합이 이루어지려면 기본적으로 무척 높은 온도와 밀도가 필요하죠. 양전하를 띠는 내부의 양성자로 인해

서로 밀어내기만 하는 원자핵을 억지로 빠르게 충돌시켜서 굉장히 희박한 확률로 새로운 하나의 무거운 원자핵으로 합쳐지는 것이 핵융합 반응이거든요. 태양 내부에는 높은 압력과 온도로 인해 수소가 원자핵과 전자로 분리되어 존재합니다. 기체, 액체, 고체와는 다른 플라스마plasma 상태인 거죠. 태양에서는 가벼운 4개의 수소(1H)가 1개의 헬륨(2He) 원자핵으로 끊임없이 융합하면서 에너지를 방출합니다.

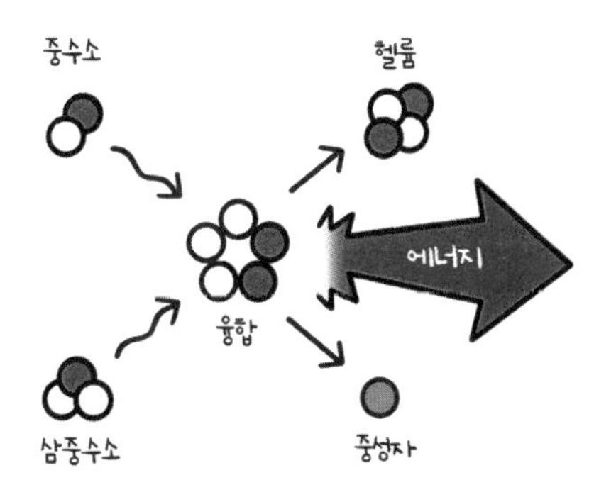

태양은 핵융합으로 에너지를 만든다.

우리가 흔히 하는 착각 가운데 하나가 태양을 구성하는 모든 수소가 연료로 쓰일 거라는 겁니다. 태양에서도 수천 ℃밖에 되지 않는 바깥 표면의 수소, 그러니까 태양 기준으로는 미지근한 수소는 연료로 쓰이지 않죠. 태양의 표면 온도는 기껏 해봤자 6,000℃거든요. 태양 내부처럼 한 1,000만 ℃ 이상으로 달궈져야 핵융합 반응의 연료로 쓰일 수 있습니다.

부피로 따지면 대략 태양 전체의 1% 정도 되는 정중앙 부분의 수소만 핵융합의 실질적인 연료가 됩니다. 그런데 이 1% 부분이 밀도가 엄청나게 높아서 질량으로 치면 태양 전체의 20~30% 비중을 차지합니다. 내부가 무지막지한 압력으로 짓이겨져 있으니까 양전하끼리의 척력을 이겨내고 수소 원자핵이 서로 충돌하고 융합하는 거죠. 그러니까 태양 바깥쪽에 존재하는 많은 양의 수소는 태양이 죽을 때까지도 연료로 쓰이지 않습니다. 물론 가스는 순환하기 때문에 조금씩 섞이긴 하겠지만 온도가 대단히 높아야만 반응할 수 있어서 그 양이 많지는 않죠.

과학자들은 태양이 앞으로 대략 50억 년 넘게 사용할 만큼 충분한 연료를 가지고 있다고 추정합니다. 앞으로 50억 년 후 어느 시점에 중심부의 수소 연료가 모두 소진되고 융합된 헬륨만 남는다면 태양의 거대한 중력을 폭발력으로 버텨주던 핵융합 반응이 멈추고, 태양은 급속도로 쪼그라들겠죠. 그러면 다시 중심부의 온도, 압력, 밀도가 상승하고 바깥쪽에 남아 있던 수소가 수축하면서 이런 상태와 만나 다시 핵융합 반응을 시작합니다. 그러면 핵융합 에너지의 힘과 중력이 다시 역전하면서 태양의 외피층이 거대하게 부풀어 오릅니다. 최대 1,000배까지도 커질 수 있다고 합니다. 그때가 되면 수성, 금성 그리고 지구마저도 집어삼켜버릴 수 있겠죠.

부피가 팽창하면서 표면 온도가 낮아져 불그스름한 색을 띠면 우리는 이를 적색거성이라고 부릅니다. 이후 외핵에 있던 수소까지 다 써버리고 나면 극히 밀도가 높은 내부만 남아 원래 태양 크기의 100분의 1로 쪼그라든 백색왜성이 되어 생명을 다하게 됩니다. 태양은 블랙홀이 되지는 않을 겁니다. 그러기에는 크기가 작거든요. 최소 지금 질량보다 3배 이상은 되어야 모든 구성 물질이 중심부로 무한히 떨어져 내리는 중력붕괴의 가능성이 생깁니다.

태양이 블랙홀이 되면 어떻게 될까?

블랙홀은 참 신비스러우면서도 무시무시한 것 같습니다. 주변 모든 것을 흡수해버리는 거로 알려져 있는데요. 저는 가끔 지구 옆으로 블랙홀이 다가오면 어떡하나 하는 망상을 하기도 하는데, 정말 그런 일이 벌어지면 우리는 어떻게 될까요?

만화 영화에나 나올 법한 가정을 한번 해볼게요. 외계인이 우리 지구를 없애버리려고 정체를 알 수 없는 광선 총을 쏴서 태양을 블랙홀로 만들었다고 쳐요. 질량은 그대로 두고 태양 전체를 와르르 무너뜨려 아주 작은 블랙홀로 압축해버렸어요. 자, 이제 지구는 외계인의 의도대로 블랙홀로 빨려 들어갈까요? 많은 사람이 수영장 바닥의 배수구처럼 블랙홀이 아주 멀리 있는 천체까지 무차별적으로 빨아들일 거로 생각하지만, 사실 그렇지 않습니다.

지구의 공전 궤도는 태양의 질량에 따른 중력으로 결정됩니다. 만약에 외계인이 태양의 질량은 그대로 두고 부피만 압축시켜 작은 블랙홀로 만들었다면, 지구는 원래 태양과 같은 크기의 중력을 받으니까 갑자기 빨려 들어가거나 하지는 않고 궤도를 그대로 유지하겠죠. 그렇다고 아무 일 없이 안전하다는 건 아니고, 블랙홀이 된 태양은 더는 빛을 방출하지 않아서 지구는 차갑게 얼어붙어 생명체가 살아갈 수 없는 죽은 행성이 되겠죠.

모든 블랙홀은 크기가 0입니다. 크기라는 개념이 성립할 수가 없는 거죠. 질량은 존재하지만 크기라는 게 없어서 각각의 블랙홀은 주변 '사건의 지평선event horizon' 크기를 이용하여 비교합니다. 블랙홀의 중력이 너무나 강하다 보니까 빛의 속도로도 벗어날 수 없는 경계선이 생기는 겁니다. 특정 거리 밖에서만 빛이 빠져나올 수 있죠. 이렇게 빛의 속도로 움직이는 입자가 바깥의 우주 시공간으로 탈출할 수 있는 최종 경계선을 사건의 지평선이라고 합니다. 당연히 블랙홀의 질량이 무거울수록 사건의 지평선이 커지고 가벼울수록 작아지는데, 태양 정도의 질량으로 계산해보면 대략 한 3㎞ 정도가 나옵니다. 그러니까 태양이 블랙홀이 되더라도 3㎞ 바깥에만 있다면 얼어 죽기는 하더라도 최소한 빨려 들어가지는 않는 거죠.

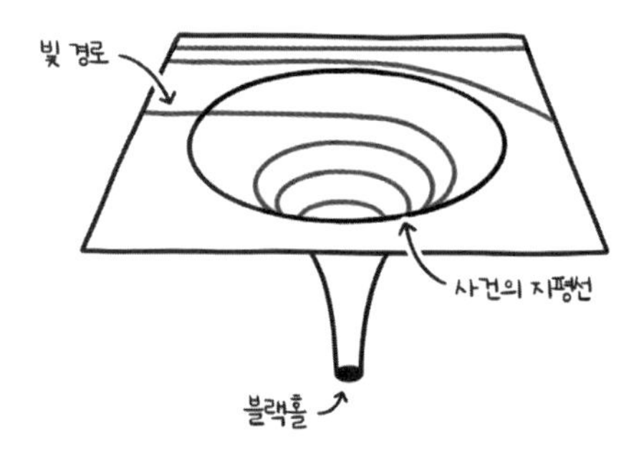

만약 태양계 바깥을 배회하던 떠돌이 블랙홀rogue black hole이 우연히 태양을 스쳐 지나간다면 끔찍한 일이 벌어질 수 있습니다. 태양이 블랙홀에 먹혀버리면 지구는 더는 공전 궤도를 따라 움직일 수 없습니다. 마치 우리가 밧줄에 돌멩이를 묶어 빙글빙글 돌리다가 놓아버리는 것처럼 지구는 굉장히 빠른 속도로 우주 공간을 향해 튕겨 나갈 겁니다. 또 태양 빛을 받지 못해서 차갑게 얼어붙은 행성이 되어 이곳저곳을 떠돌게 되죠. 실제로도 인접한 두 천체가 서로의 중력에 붙들려 사이좋게 돌고 있는 곳을 떠돌이 블랙홀이 지나가면서 둘 중 하나를 호로록 삼켜버리면 홀로 남은 천체가 날아가 버리는 일이 되게 많이 벌어지거든요.

어차피 빠른 속도로 공전하는 지구 위에서 우리는 아무것도 느끼지 못하고 살아가는데, 그렇게 튕겨 날아가더라도 마찬가지 아닐까 생각할 수도 있습니다. 하지만 지구가 원래의 궤도에서 급작스럽게 벗어나 다른 방향으로 움직인다면 얘기가 달라져요.

지구의 대기권이나 바다 같은 경우에도 기존 운동 방향의 관성이 있으니까 대단히 큰 저항이 발생할 겁니다. 마치 자동차가 일정 속도로 주행하면 승객이 움직임을 느낄 수 없지만, 가속도를 붙여가며 방향을 틀면 몸이 한쪽으로 크게 쏠리는 것처럼, 지구 표면의 대기나 바다, 산맥 그리고 건물, 다리 같은 인공물까지 마구 흔들리고 무너질 수 있죠. 할리우드 재난 영화에서나 볼 수 있는 장면이 현실로 나타날 수 있습니다.

블랙홀에 잡아먹히면 태양은 산산조각이 나서 블랙홀을 감싸는 밝은 원반이 됩니다. 그리고 원래 태양에 버금가는 밝은 빛을 발산하죠. 우리 하늘에서 둥그런 태양은 사라졌지만 이제 블랙홀 주변에서 눈부신 원반이 지구를 비출 수도 있죠.

그리고 생각해볼 수 있는 효과가 하나 더 있는데요. 블랙홀은 극단적인 중력으로 주변 시공간을 왜곡하면서 멀리 떨어진 우주 배경의 빛도 날아오게 합니다. 지구에서는 블랙홀 너머 정반대 방향 우주의 아주 좁은 영역에서 빛줄기 다발이 집중적으로 쏟아지는 것처럼 보이죠. 원래는 우주 배경이 절대영도에 가까운 영하 270℃로 차갑거든요. 그런데 한곳으로 밀집되면서 좁은 영역에서 밝게 보이는 착시 현상을 만들죠. 이를 '상대론적 비밍relativistic beaming 효과'라고 부릅니다. 레이저 빔을 쏘는 것처럼 우주 배경의 빛이 한데 모여서 밝게 증폭되는 효과가 발생하는 거죠.

지구의 하늘에서는 어떤 광경이 펼쳐지냐면, 커다란 검은 구멍으로 블랙홀이 보이고 정반대 방향에는 마치 태양이 있는 것처럼 밝게 원반이 반짝이고 있을 거예요. 천문학자들은 이를 블랙홀이 만든 가짜 태양pseudo sun이라고 부릅니다. 여기서 드는 재미있는 생각 하나는, 만약 블랙홀 주변에 행성이 있다면 얼핏 끔찍한 환경이어서 생명체가 살 수 없을 것 같지만, 적당히 거리가 떨어져 있으면 블랙홀이 왜곡한 시공간이 만든 가짜 태양의 빛을 받아 지구처럼 적당한 온도를 유지하면서 생명체가 살아갈 수도 있다는 거예요. 영화 〈인터스텔라〉에도 주인공이 착륙하는 블랙홀 주변의 행성이 나오는데요. 그곳에서 실제 사람이 살 수 있다는 흥미로운 설정도 과학적으로 불가능한 게 아닙니다.

사람 손톱보다 작은 블랙홀이 있다던데 사실일까?

친구 중에 과학을 잘 안다고 자부하는 녀석이 있는데, 어제 저에게 사람 손톱보다 작은 블랙홀이 있다고 우기더라고요. 그래도 제가 명색이 교수님들을 모시고 〈보다BODA〉 과학 채널 사회를 보는데 그런 터무니없는 소리에 속아 넘어갈 리가 없잖아요. 최소한 태양보다 질량이 서너 배는 더 큰 항성이 나중에 블랙홀이 될 수 있는데, 그렇게 작은 게 존재할 리가 없지 않습니까? 그래서 그럴 리 없다고 무안을 주고 집으로 돌아와 혹시나 하고 인터넷 검색을 했더니 실제로 그런 블랙홀이 있더라고요. 도대체 어떻게 그런 블랙홀이 존재할 수 있죠?

친구의 말이 맞는데요. 현재 천문학은 빅뱅 직후에 가장 처음으로 탄생한 원시 블랙홀primordial black hole을 가정하고 있습니다. 2018년에 작고한 천재 물리학자 스티븐 호킹 박사의 주요 이론 중 하나가 바로 원시 블랙홀에 관한 것이었죠. 원시 블랙홀은 현재 관측 가능한 일반적인 블랙홀처럼 중력붕괴로 항성의 핵이 수축하면서 형성된 것이 아니라, 우주가 초기에 팽창하면서 물질의 밀도가 부분적으로 극한에 달하면서 형성됐을 거로 생각합니다. 아직 가상의 존재이기는 하지만 원시 블랙홀이 정말로 존재한다면 그 크기가 무척 작을 수 있습니다. 이론상으로는 원자보다 가벼울 수도 있고요. 사건의 지평선 크기도 그만큼 작겠죠.

극소 질량의 원시 블랙홀은 지구 주변에 나타난다고 하더라도 큰 영향은 없을 겁니다. 혹시 지구를 관통해 지나간다고 하더라도 우리는 눈치채지도 못하고 그냥 잘 살아가겠죠. 하지만 소행성 정도의 더 큰 질량을 가진 원시 블랙홀이 우연히 지구와 충돌한다면 마치 거대 운석이 떨어지는 것과 같은 파괴력을 보여주겠죠. 다만 차이가 있다면 운석은 지구 표면을 뚫지 못하고 크레이터를 남기겠지만 블랙홀은 워낙 밀도가 높아서 그대로 지구를 관통할 수 있습니다. 하지만 질량의 한계 때문에 지구 자체를 다 집어삼키진 못할 겁니다. 들어가는 입구와 지구 반대편으로 뚫고 나가는 출구 2개가 만들어지겠죠.

1908년 러시아 시베리아 초원에서 엄청난 폭발이 일어나 수천만 그루의 나무가 쓰러지고 수백 킬로미터 바깥에서도 거대한 검은 구름을 관찰할 수 있었습니다. 그 지역에 흐르는 강 이름을 따서 퉁

1908년 6월 30일 오전 7시경 중앙시베리아 퉁구스카 지역에 엄청난 폭발이 일어나 2000㎢ 규모의 숲이 황폐화됐다.

구스카 대폭발 사건이라고 부르는데요. 이 사건을 두고 일부 천문학자들이 운석이 아니라 원시 블랙홀이 지구에 부딪히면서 생긴 거로 추정하기도 했죠. 다만 아까 말씀드린 것처럼 정말로 원시 블랙홀이 충돌한 거라면 지구 정반대편에 출구가 있어야 하거든요. 혹시나 바닷속에 있을지도 모르겠지만, 현재는 그냥 운석이나 혜성이지 않을까 생각합니다.

실제로 무시하지 못할 질량의 블랙홀이 지구 가까이 왔다고 가정해볼까요. 지구는 블랙홀의 강한 중력을 버티지 못한 채 서서히 블랙홀 쪽으로 끌려갈 거예요. 지구에는 다양한 물질이 있죠. 행성 전체를 감싸고 있는 대기권이 있고, 바다도 있고, 단단한 지각도 있습니다. 대기권과 바다는 땅과 비교해서 훨씬 밀도가 낮아서 가장 먼저 빠른 속도로 블랙홀 쪽으로 끌려 들어갈 겁니다. 지상의 우리는 그 끔찍한 광경을 보면서 숨을 못 쉬어서 모두 목숨을 잃겠죠. 사람들이 모두 죽은 뒤에도 대기와 물이 없어 완전히 메말라버린 지구는 블랙홀의 중력을 버티지 못하고 으스러지기 시작합니다. 그러면 국수 효과noodle effect 또는 스파게티피케이션spaghettification이라고 불리는 현상이 나타날 겁니다. 블랙홀에 가까운 쪽은 강한 중력으로 빨려 들어가고, 블랙홀을 등진 쪽은 더 느리게 끌려가면서 국수 가락처럼 길게 늘어나게 됩니다. 결국에는 완전히 잡아먹히면서 산산이 부서져 블랙홀 주변에서 밝게 빛나는 강착원반의 재료가 되어버리겠죠.

이런 현상은 지구가 블랙홀에 지나치게 가까워지지만 않는다면 일어나지 않습니다. 광속으로도 벗어날 수 없는 한계가 바로 사건의 지평선이라고 했잖아요. 이 사건의 지평선에서 충분히 멀리 벗어나 있다면 블랙홀이 있어도 우리는 안전합니다. 실제로 우리 은하계만 하더라도 중심부에 태양 질량의 대략 400만 배나 되는 아주 무거운 블랙홀이 있거든요. 그런데도 우리 은하를 떠돌고 있는 별들이 다 빨려가지 않고 있잖아요. 충분히 빠른 속도로 자신의 궤도를 돌고 있다면 안정적으로 살 수 있습니다. 너무 지나치게 가까이만 다가가지 않으면 블랙홀은 그냥 안전한 괴물인 거죠.

지금까지 지구가 블랙홀의 중력에 빨려 간다거나 끌려 들어간다는 등의 말을 사용해 설명했지만 사실 정확한 표현은 아닙니다. 아인슈타인의 중력장 이론에 따라 설명하자면, 블랙홀의 강한 중력이 주변의 시공간을 왜곡해 깊숙한 구덩이를 파놓고 있는 거죠. 그래서 외관상으로는 물질들이 막 부서지면서 빨려 들어가는 것처럼 보이겠지만, 올바로 표현하면 깊게 휘어진 시공간의 곡류를 따라 굴러떨어지는 겁니다.

화이트홀white hole은 단순히 블랙홀에 대응되는 개념으로, 블랙홀이 집어삼킨 입구가 있다면 다시 토해내는 배출구가 있지 않을까 하는 생각을 떠올렸던 것에 불과합니다. 현재 학계에서는 화이트홀 같은 건 존재하기 어렵다고 생각합니다. 당연히 블랙홀과 화이트홀을 연결한다는 웜홀wormhole도 인정할 수가 없겠죠.

천문학자들은 현재 우리 은하계 안에만 떠돌이 블랙홀이 대략 1억 개는 있다고 추정합니다. 그렇다 하더라도 은하계의 공간이 꽤 넓다 보니까 평균적으로 고르게 분포한다고 가정하면 지구에서 가장 가까운 떠돌이 블랙홀도 대략 50~60광년 거리에 떨어져 있을 겁니다. 그러니 지금 당장 블랙홀이 태양계로 다가오면 어떡하지 하는 걱정까지 할 필요는 없어 보입니다.

만약 인류가 지구로 다가오는 블랙홀을 발견했다면 어떻게 해야 할까요? 운석이라면 예전에 미국 NASA에서 실험했던 것처럼 탐사선 같은 걸 날려 보내 충돌시킴으로써 궤도를 틀어 지구를 빗나가게 할 가능성이 있겠죠. 하지만 지구에서 관측될 정도의 블랙홀이라면 규모가 클 텐데 인류가 무언가를 충돌시켜 궤도를 바꿀 수 있을지는 모르겠습니다. 우주의 비밀에 더 깊숙이 다가갈 미래의 인류라면 어떨지 모르겠지만 지금이라면 지구의 운명이 다했다고 봐야겠죠.

우리는 초신성 폭발의 결과물일까?

우리가 별이 죽은 뒤 남은 잔해로 이루어졌다는 말이 있던데, 사실인가요? 그렇게 생각하니 뭔가 시적이고 뭉클한 감정도 드네요. 밤하늘을 바라볼 때 느껴지는 감정도 남다르고요. 별은 기나긴 생애를 화려한 초신성 폭발로 마감한다던데, 그 내용이 궁금합니다.

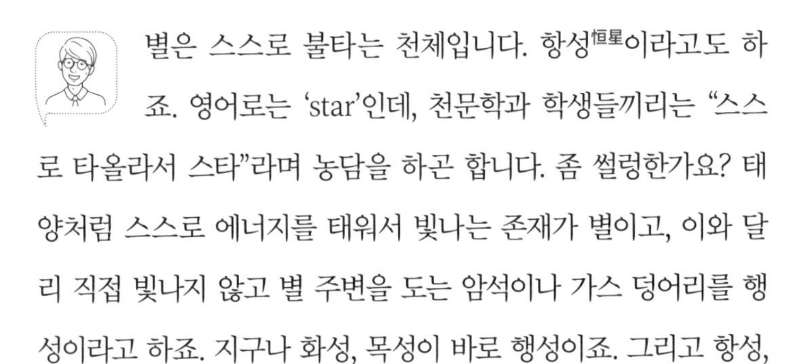

별은 스스로 불타는 천체입니다. 항성恒星이라고도 하죠. 영어로는 'star'인데, 천문학과 학생들끼리는 "스스로 타올라서 스타"라며 농담을 하곤 합니다. 좀 썰렁한가요? 태양처럼 스스로 에너지를 태워서 빛나는 존재가 별이고, 이와 달리 직접 빛나지 않고 별 주변을 도는 암석이나 가스 덩어리를 행성이라고 하죠. 지구나 화성, 목성이 바로 행성이죠. 그리고 항성,

즉 별들이 수천억에서 수조 개가 떼거리로 모여서 거대한 구조를 이룬 것을 '은하'라고 부릅니다. 또 우주에는 이런 은하들이 셀 수 없을 정도로 많습니다.

별은 그러니까 천체의 주인공 역할입니다. 원래 주인공은 시시하게 죽지 않잖아요. 타고난 질량에 따라 다양한 형태의 죽음이 있는데 그중 하나가 질량이 큰 별의 마지막 진화 종착지인 화려하고도 무시무시한 초신성 폭발이에요. 가까운 거리에서 이 광경을 본다면 순식간에 태양이고 지구고 모두 사라지는 엄청난 위력과 맞닥뜨리겠죠. 초신성 폭발이 중요한 이유가 있습니다.

별은 마지막 불꽃을 화려하게 터뜨리면서 우주 공간에 다양한 원소를 뿌리고 사라집니다. 우주 탄생 초기인 빅뱅 직후에는 세상에 존재하는 원소가 기껏해야 수소, 헬륨 등 매우 가볍고 단순한 것들뿐이었습니다. 이 수소와 헬륨이 뭉쳐서 별들이 빛을 내게 되고 중심에는 차곡차곡 다양한 물질들이 쌓이게 됩니다. 그리고 마지막 폭발을 하면서 그동안 모아놓았던 다양한 원소로 이루어진 별 먼지를 뿌리고 사라지는 거죠. 이러한 별 먼지는 오랜 시간이 흘러서 다시 태양과 지구와 같은 천체가 형성되기 위한 재료가 되고요. 지구 위에 살아가는 생명체들의 몸도 따지고 보면 별의 먼지로 이루어졌습니다. 지금 우리 몸속을 채운 모든 성분 역시 오래전 폭발한 초신성이 남긴 별의 먼지인 거죠.

초신성 폭발은 크게 2가지 방식으로 발생합니다. 태양보다 한 10배에서 50배 가까이 더 무거운 별이 진화를 다 끝내고 더는 태울 연료가 없어지면 갑자기 붕괴하면서 빵 하고 터지는 경우입니다. 이런 형태를 타입2 초신성Type II supernova이라고 부르죠.

다른 하나는 별이 하나가 아니라 2개입니다. 두 별이 서로의 중력으로 근접한 거리를 돌다가 하나가 먼저 진화를 마치면 갑자기 크기가 작아지고 왜소한 백색왜성이 됩니다. 아직 파트너인 별은 활발하게 타오르고 있죠. 백색왜성은 이 파트너 별로부터 물질을 빼앗아 옵니다. 그런데 백색왜성이 갑자기 너무 많은 물질을 집어삼키면 부작용이 발생합니다. 한꺼번에 쏟아져 들어오는 연료로 인해 이번에도 빵 터지는 거죠. 이는 타입1a 초신성Type I-a supernova이라고 부릅니다. 이 초신성은 태양의 밝기보다 무려 100억 배나 되는 엄청나게 강한 에너지를 순식간에 토해내고 사라집니다. 얼마나 강하냐면, 태양의 수명을 100억 년 정도로 추정하는데요. 태양이 평생 낼 수 있는 에너지를 한순간에 분출하고 사라진다는 거죠. 이렇게 강력한 초신성이 가까이서 폭발한다면 상당히 위험하겠죠. 사방 40~50광년 범위를 초토화한다고 보면 됩니다. 이 영역을 초신성의 킬존killzone, 즉 살상 범위라고 하죠. 만약 우리 지구가 그 범위 안에 있다면 당연히 순식간에 사라질 테고, 아주 멀리서 터진다면 멋진 우주 쇼를 강 건너 불구경하듯이 즐기면 될 겁니다.

겨울철 밤하늘을 올려다보면 오리온자리the Great Hunter라고 되게 유명한 별자리를 볼 수 있습니다. 사냥꾼의 모습인데요. 왼쪽 겨드랑이 부분에 노랗게 빛나는 베텔게우스Betelgeuse라는 별이 있습니다. 지구에서 대략 650광년 정도 거리에 떨어져 있는데, 흥미롭게도 진화의 막바지에 이르러 조만간 죽음을 앞둔 적색거성입니다. 당연히 엄청나게 부풀어 있겠죠. 그런데 2019년 겨울에 베텔게우스가 갑자기 어두워집니다. 그냥 맨눈으로 봐도 평소와 다르게 몹시 어두워졌다는 걸 인식할 수 있었죠. 그래서 천문학자들은 "아, 드디어 이 적색거성이 폭발의 전조 현상을 보여주는구나" 하면서 화려한 우주 쇼를 기대했죠. 그때부터 전 지구의 천문학자들이 염원을 모아 베텔게우스를 관측했지만, 추가 연구를 해보니까 그저 가스 거품을 토해내서 이때 분출된 먼지 일부가 별을 가리면서 잠깐 어두워졌던 거로 밝혀졌습니다. 지금은 다시 원래 밝기로 돌아왔죠.

베텔게우스가 조만간 죽음을 앞두고 있다고 말했지만 오해하시면 안 됩니다. 천문학자들이 이야기하는 '조만간'은 "조 년에서 만 년 사이"라고 농담으로 말하곤 하죠. 실제로 계산해보면 베텔게우스의 남은 수명은 대략 800만 년쯤으로 보입니다. 그렇다고 너무 실망할 필요는 없는 것이 오차 범위도 800만 년입니다. 정말 운이 좋으면 당장 내일 밤에라도 빵 터질 수 있는 거죠.

오리온자리의 베텔게우스

물이 필요 없는 외계 생명체가 있지 않을까?

뉴스를 보면 가끔 머나먼 우주의 어느 외계행성에서 물이 발견되었다는 둥, 수증기나 얼음을 찾았다는 둥 소식이 들려오곤 합니다. 그러고는 생명체가 있을 가능성이 크다고 이야기하는데, 지구에 사는 생명체들에게는 물이 꼭 필요하다고 할 수 있지만 외계 생명체는 완전히 다른 방식의 메커니즘으로 살아갈 수도 있는 것 아닌가요?

글쎄요. 물론 그럴 가능성도 완전히 배제할 수는 없겠지만, 인류가 지금까지 밝혀낸 과학 지식을 바탕으로 생각한다면 일단 고체나 기체만으로 생명 활동을 한다는 건 사실상 상상하기 어렵습니다. 양분을 섭취하고 노폐물을 배출하는 작용을 고체만으로 하기 어렵고 기체는 부피가 너무 커집니다. 그래서 액체가 필요한데, 여러 액체 종류 중에 왜 하필 물일까 하는 생각은 해볼 수 있겠죠. 말씀하신 것처럼 물에 의존하지 않는 생명체도 존재할 수 있을 텐데, 과학자들이 너무 고정관념에 사로잡힌 것 아니냐고 비판하는 분들도 종종 있거든요. 그렇지만 단순히 지구인의 관점에서만 그렇게 생각하는 것은 절대 아닙니다.

물(H_2O)은 수소 원자 2개와 산소 원자 하나로 이루어진 분자입니다. 중요한 건 우주를 구성하는 화학 성분들의 함량을 전체적으로 비교하면 제일 많은 75%가 수소이고, 두 번째로 헬륨이 24% 정도를 차지합니다. 그러니까 우주를 구성하는 물질의 99%가 수소와 헬륨이고 나머지 자연 원소는 1% 미만의 극히 미미한 수준입니다. 그리고 수소와 헬륨을 제외하고 그나마 많은 것이 바로 산소입니다.

헬륨은 우주에 존재하는 모든 원소 중에서 가장 비활성입니다. 화학적인 결합 반응을 하지 않는다는 의미죠. 그러니 새로운 형태로 진화할 가능성을 가진 가장 많은 우주의 원소가 결국 수소와 산소이고, 그 둘이 반응해서 형성되는 게 물이죠. 우주에서 액체 상태를 찾기 힘들 뿐이지 기체나 고체 상태의 물은 흔합니다. 과학자들이 지구 밖의 생명체라 하더라도 물을 생명 활동의 재료로 선택하리라 생각하는 건 그래서 당연한 거죠. 게다가 물이 가진 중요한 성질 중 하나가 꽤 높은 온도에서도 증발하지 않고 액체로 버틸 수 있다는 겁니다. 물은 90℃ 정도에 이르러도 뽀글뽀글하면서 기화하지 않지만 수소나 질소 같은 다른 분자들은 이미 상온에서 다 기체가 되어버립니다. 그러니까 별이 내뿜는 에너지를 전달받을 수 있는 거리의 우주 환경에서도 물은 그나마 액체 상태로 존재할 수 있는 범위가 넓은 거죠.

우리가 우주선을 타고 가다가 어떤 행성에 불시착했는데, 그곳에 물로 이루어진 바다가 존재하려면 너무 차갑지도 않고 뜨겁지도 않은 적당한 기온이어야 하겠죠. 만약 산소나 질소로 이루어진 바다가 존재하려면 태양에서 한참 멀리 떨어진 거리에서만 가능합니다. 그런데 물 같은 경우에는 적당히 높은 온도에서도 액체로 버틸 수 있으니까 비교적 별 주변에 바짝 붙어 있는 행성에서도 물로 이루어진 액체 바다가 존재할 수 있죠. 지구가 아닌 우주의 어떤 곳에서 만약에 생명 활동이 이루어지고 있다면 확률적으로 구하기도 쉽고 높은 온도에서도 액체로 안정적으로 존재하는 물을 선택했을 거로 생각하는 것이 합리적이겠죠.

물은 최고의 용매이기도 합니다. 여러 화학물질이 녹아들어서 상호작용할 수 있는 장소를 제공하는 거죠. 생명 활동이라는 건 결국 영양분을 녹여서 흡수하고 노폐물 역시 녹여서 배출해야 하는데, 물이 그 매개 역할을 아주 훌륭하게 수행합니다. 또 어떤 행성에 물이 있다는 건 대기 역시 존재한다는 증거이기도 합니다. 그 행성의 기온이 물이 얼지 않을 정도의 온도이더라도 물 분자들이 서로 흩어지지 않게 눌러주는 대기압이 없다면 수증기가 되어버리거든요. 당연히 대기권이라는 보호막을 갖춘 행성에는 생명체가 태어나고 진화했을 확률이 더 높겠죠.

우주에서 생명의 징후를 발견했다고?

우리가 앞서 제임스 웹 우주망원경이 얼마나 놀라운 성능을 가졌는지를 이야기한 적이 있잖아요. 이미 우주에서 성공적으로 거울을 펴고 관측에 들어갔다는 소식이 들리던데, 저는 개인적으로 우주에 지구 말고도 생명체가 사는 행성이 있는지가 무척 궁금합니다. 어떤 성과가 있었나요?

천문학자들은 드넓은 우주에서 생명의 흔적을 찾기 위해, 앞에서도 이야기한 대로 먼저 액체 상태의 물이 존재하는지를 기준으로 삼습니다. 그리고 그런 행성들은 이미 많이 발견되고 있죠. 그중에서도 최근 제임스 웹 우주망원경이 무척 흥미로운 행성을 발견했는데요. K2-18b라는 명칭이 붙은 외계행성입니다. 지구보다 크기는 2.6배, 질량은 8.6배로 해왕성보다 약간 작은 덩치인데, 적색왜성*을 33일 주기로 공전하고 있죠. 사실 천문학자들에게 이 행성은 오래전부터 유명했습니다. 특이하게도 행성 전체가 액체 상태의 물로 덮여서 완전히 바다로만 이루어진 세상일 거로 예상됐기 때문이죠.

천문학에서 표면 전체가 완전히 바다로 둘러싸여 있고 대기권은 수소로 채워진 행성을 수소hydrogen와 바다ocean를 합쳐 하이션 행성hycean planet이라고 부릅니다. 천문학자들은 바로 이 K2-18b 행성 전체가 물로 덮인 바다 세계, 즉 가설로만 존재하던 하이션 행성이 아닐까 생각해왔던 거죠. 이를 확인하려면 먼저 이 행성의 대기권을 조사해야 합니다. 만약 천왕성이나 해왕성처럼 액체 상태의 바다 없이 암모니아나 메테인(methane, 독일어에서 유래한 이름인 메탄methan의 영어식 표기)만으로 뒤덮인 행성이라면 딱 이 성분들만 대기에서 검출될 겁니다. 하지만 바다가 존재한다면 앞서 이야기한 것처럼 물은 최고의 용매이기 때문에 메테인의 주요 성분인 수소와 탄소가 녹아서 서로 분리되고, 그렇게 떨어져 나온 탄소가 다시 물속의 산소와 결합하여 이산화탄소가 생성될 수 있습니다.

---

* 작다는 의미의 왜성(矮星)으로 불리는 천체는 적색왜성, 갈색왜성, 백색왜성 등이 있는데, 이 중 중심부에서 핵융합 반응을 일으켜 스스로 빛을 내는 천체, 즉 항성은 적색왜성뿐이다. 갈색왜성은 중심부에서 중수소 핵융합 반응이 일어나기는 하지만 미미한 수준으로 항성이 되기에는 질량이 너무 작아 준항성(substar) 또는 '실패한 별(failed star)'이라 불린다. 백색왜성은 더는 핵융합 반응을 하지 않는 별의 잔해일 뿐이다.

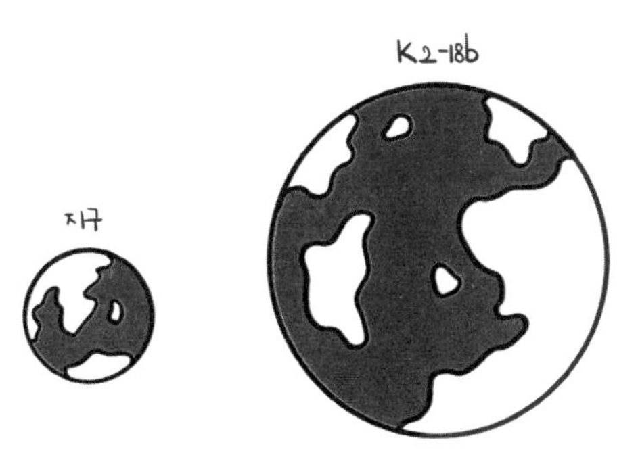

지구와 K2-18b 크기 비교

2015년에 발견된 K2-18b 행성은 지구 반경 2.6배 크기로,
제2의 지구라 불린다.

제임스 웹 우주망원경이 이 K2-18b 행성의 대기권을 관측했는데, 뚜렷하게 이산화탄소가 확인됐습니다. 마침내 천문학자들은 K2-18b가 하이션 행성이라는 증거를 찾아낸 거죠. 지구에서도 육상 생물이 출현하기 전에 먼저 바다에서 생명체가 나타났거든요. 그러니까 K2-18b에도 바닷속에 생태계가 존재한다고 충분히 추정할 수 있죠. 모든 추정은 증거가 발견돼야 사실로 확정할 수 있잖아요. 그래서 천문학자들이 이번에는 이 행성의 대기권에서 디메틸 설파이드dimethyl sulfide라는 성분을 찾아봤죠. 지구의 바다에서 식물성 플랑크톤이 내뿜는 성분 가운데 하나거든요. 이 외계행성의 대기에서 디메틸 설파이드가 검출된다면 아주 높은 확률로 식물성 플랑크톤이 바다에서 살고 있다고 생각할 수 있습니다. 그래서 이런 지표들을 바이오마커biomarker라고 부르기도 합니다.

그런데 제임스 웹 우주망원경의 관측 결과는 가타부타 결론을 내리기 힘들게 나왔습니다. 1μm(micrometer, 100만 분의 1m)에서 5μm 정도 파장대의 적외선을 관측했는데, 이 범위에는 디메틸 설파이드뿐만 아니라 메테인, 암모니아, 이산화탄소 등 다양한 성분들이 복잡하게 흔적을 남깁니다. 엄밀하게 디메틸 설파이드가 남긴 흔적만을 구분하기가 쉽지 않은 거죠. 그래서 다음에는 1~10μm 범위로 넓혀서 관측할 예정입니다. 이 구간에서는 디메틸 설파이드만 홀로 흔적을 남기는 구간이 존재하니까요.

K2-18b 행성은 지구로부터 120광년 떨어져 있는데요. 도대체 그렇게 먼 곳에 있는 행성의 대기권을 어떻게 분석할 수 있을까요? 실제로 120광년이 아니라 수백, 수천 광년 떨어져 있더라도 대기에 어떤 성분이 섞여 있는지 알아볼 방법이 있습니다. 대개의 행성은 항성을 중심으로 공전하는데요. 행성의 대기권을 거치지 않고 날아오는 별빛과 대기권을 통과해서 날아오는 별빛을 비교합니다. 모든 빛은 화학 성분을 통과할 때 특정한 파장의 빛이 흡수됩니다. 그러니까 두 별빛의 스펙트럼을 비교하면 어느 파장의 빛이 흡수됐는지 알 수 있고, 그에 따라 그 행성의 대기권에 어떤 성분의 화학물질이 섞여 있는지 확인할 수 있지요. 만약 2025년으로 예정된 제임스 웹 우주망원경의 K2-18b의 대기권 관측에서 디메틸 설파이드가 확인되면 인류의 외계 생명체를 찾는 탐사에 큰 진전이 이뤄질 겁니다.

지구의 자전이 멈추면 무슨 일이 벌어질까?

지구는 쉬지 않고 자전합니다. 그런데 얼마 전에 뉴스를 보니까 지구의 자전축이 약간 바뀌었다고 하더라고요. 지하수를 너무 많이 뽑아내서 그렇다는 것 같던데, 그러다가 자전축이 완전히 다르게 바뀌어서 지구 자전이 아예 멈춰버리면 과연 무슨 일이 벌어질까요?

지구는 대략 초속 460m 속도로 회전하고 있는데요. 실제로 아주 천천히 속도가 느려지고 있기는 합니다. 달이 지구에 미치는 기조력*때문인데, 대략 100년에 0.002초 정도의 느린 속도니까, 아마도 지구의 자전이 멈추기 전에 태양이

* tide producing force. 조석력이라고도 하는데, 해수면 높이의 차이를 일으키는 힘이다. 예를 들어 달의 중력이 거리가 가까운 쪽의 지구와 먼 쪽의 지구에 미치는 힘의 차이다.

먼저 폭발할 수도 있을 겁니다. 만약 지구의 자전이 멈춘다면, 몇 가지 극단적 상황을 예상할 수 있습니다. 지구가 회전하는 원심력 때문에 적도 지방으로 쏠려 있던 바닷물과 대기가 극지방으로 이동하면서 대륙의 모양이 바뀌겠죠. 멈추는 속도 역시 중요할 텐데, 얼마나 갑자기 멈추는지에 따라 그에 비례해 폭풍과 쓰나미가 발생해서 대륙을 휩쓸겠죠.

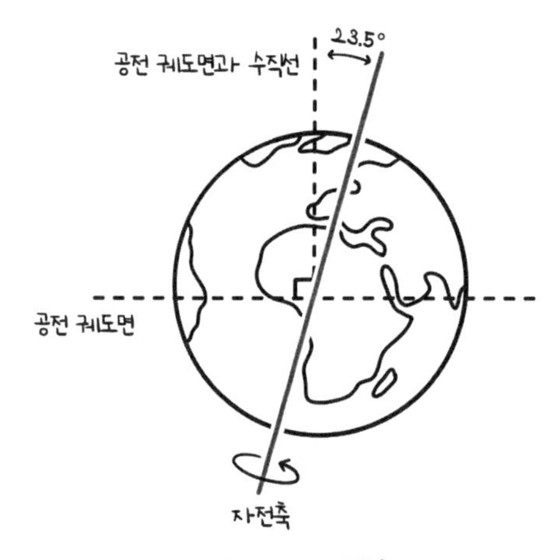

지구와 지구의 자전축

자전이 멈추면 하루가 공전주기에 따라 1년이 되고 낮과 밤이 6개월씩 계속됩니다. 지금도 북극과 남극에는 실제로 6개월씩 낮과 밤이 계속되는 곳이 있습니다. 생명체는 무척 살기 어려워지겠죠. 바닷물이나 대기도 순환하지 않을 테니 기후는 극단적으로 뜨거워지거나 차가워지고, 뜨거운 곳과 차가운 곳이 만나

온도가 적당해지는 그 사이 경계면이 아니면 생명체가 버티기 어렵겠죠. 지구 자기장에도 영향을 미칩니다. 지구 내부의 대류 현상으로 인해 자기장이 발생한다는 이론이 맞는다면, 자전이 멈춤에 따라 자기장이 약해지고 엄청난 에너지의 태양풍과 우주 방사선이 직접 들이치겠죠. 만약 공전까지 멈춘다면 태양으로 바로 끌려갈 겁니다. 지구가 태양의 중력에도 버티는 이유가 빠른 속도로 궤도를 유지하면서 공전하는 원심력 때문이니까요.

자전이 멈추면 하루가 1년이 되니까 시간의 기준도 그에 맞춰 바꿔야 하는 건 아닌가 하는 의문이 생길 수도 있는데요. 그건 아닙니다. 원래는 인류가 지구의 자전을 기준으로 1시간은 하루의 24분의 1, 1초는 86,400분의 1 길이로 정한 게 맞지만 이제는 그렇지 않거든요. 지구의 자전주기가 일정하지 않아서 시간의 오차가 발생하다 보니 1967년부터 세슘 원자의 진동수를 기준으로 시간을 계산하기로 했습니다. 최근에는 미국의 한 연구팀이 스트론튬 원자를 이용해 무려 3000억 년에 1초의 오차가 발생할 정도로 정확한 시계를 개발했다고 합니다. 그래서 인류는 우주 어디에서건 정확한 시간을 측정할 수 있는 시계를 사용하고 있습니다.

오히려 지구의 자전이 더 빨라진다면 어떻게 될까요? 이번에는 원심력이 강해지면서 적도 부근에 홍수가 발생하거나 해수면이 더 높아지겠죠. 또 지구의 중력을 원심력이 감쇄해서 우리 모두 몸무게가 더 가벼워지는 즐거운 상상도 해볼 수 있겠네요. 물론 너무 빨라진다면 지구에서 우주로 튕겨 나갈 수도 있으니까 재빠르게 원심력을 덜 받는 극지방으로 옮겨 가야 할 겁니다.

놀랍게도 태양계에는 정말로 우리 상상처럼 거의 자전을 하지 않는 듯한 행성이 있긴 합니다. 심지어 방향도 반대여서 해가 서쪽에서 뜨죠. 바로 금성인데요. 한 바퀴 자전하는 데 무려 243일이 걸립니다. 공전주기 역시 224일로 자전주기와 비슷합니다. 그러니까 날마다 생일이 돌아오는 셈이죠. 신기한 건 금성의 대기는 4일에 한 번씩 자전할 정도로 빠르다는 사실입니다. 만약 금성의 지표면에서 하늘을 본다면 마치 동영상을 50배속으로 재생하는 것처럼 구름이 흘러가겠죠. 이런 현상을 초회전super rotation이라고 부르는데 아직 그 원인이 밝혀지지 않아 미스터리로 남아 있습니다.

금성

16

우주는 어떤 구조로 되어 있을까?

지금까지 우주 공간은 끝이 없고, 거시적으로 어느 곳에서나 균일하게 분포한다고 배웠는데요. 물론 끝이 없는 공간이라는 게 여전히 잘 이해되지는 않지만요. 어쨌든 구체적으로 들여다보면 실 가닥처럼 가늘게 이어진 거대 구조를 갖추고 있다는 이야기를 어디선가 들었습니다. 실제로 우주는 그저 무질서하게 형성되어 있나요, 아니면 정말로 어떤 구조를 갖추고 있나요?

천문학자들이 오랜 기간 관측한 결과를 토대로 수많은 은하의 지도를 그렸더니 무척 놀라운 구조가 드러났습니다. 그냥 아무렇게나 흩뿌려져 있는 게 아니었죠. 지도를 보면 거미줄 비슷하게 은하들이 얽혀 있습니다. 어딘가는 은하들이 길게 가닥을 이루어서 쭉 이어져 있기도 하고 또 그 가닥과 가닥 사이에는 상대적으로 은하가 희박하게 존재하는 텅 빈 구멍 같은 공간도 보입니다. 2022년 존스홉킨스대학의 천문학자들이 공개한 우주 지도에는 관측 가능한 우주 전체를 담고 있습니다. https://mapoftheuniverse.net/를 클릭하면 누구나 이 지도를 둘러볼 수 있습니다.

이렇게 은하들이 분포하는 거대한 구조를 말 그대로 우주 거대 구조large-scale structure of the cosmos라고 부르거나 마치 비누 거품처럼 보인다고 해서 거대 우주 거품giant cosmic bubble이라고 합니다. 그리고 거대 우주 구조에서 은하들이 길게 이어진 가닥이 있습니다. 백열전구 내부에는 빛을 내는 실처럼 가는 금속 선이 있는데, 이걸 필라멘트라고 하잖아요. 그래서 이 은하들의 가닥이 필라멘트와 비슷하게 보인다고 해서 은하 필라멘트galaxy filament라고도 부릅니다.

은하의 지도를 자세히 살펴보면 필라멘트와 필라멘트 사이에 텅 빈 영역이 보입니다. 은하들의 밀도가 현저하게 적고 상대적으로 텅 비어 보이는 곳이 넓게 자리하고 있는데요. 이를 우리는 빈 곳이라는 뜻의 영어 단어인 '보이드void'라고 부릅니다. 가장 많이 알려진 보이드 중 하나가 천문학자 로버트 커슈너Robert Kirshner가 1981년에 처음으로 발견한 목동자리에 있는 것입니다. 이 보이드는 지름이 한 3억 광년 정도 되는데 그 넓은 영역에 은하가 정말 거의 없습니다. 그 정도 공간이라면 대개는 은하가 2,000~3,000개는 존재해야 하거든요. 그런데 놀랍게도 60개가

량의 은하밖에 없는 거죠. 그런데 이 은하들도 필라멘트 구조로 늘어서 있어서 아마도 2개의 보이드가 합쳐지면서 3억 광년 지름의 거대한 보이드가 형성되고 그 경계면이 남아 있는 건 아닐까 추정합니다.

보이드는 계속 넓어지고 있습니다. 보이드의 테두리를 이루는 필라멘트 구조의 중력 때문에 물질이 모여들어 질량이 더 커지고, 그만큼 다시 중력이 강해지는 연쇄 작용이 벌어지면서 보이드는 사방으로 물질을 빼앗깁니다. 그러면서 보이드의 규모가 더 커지고 내부는 깨끗하게 비어가는 거죠.

목동자리 보이드와 관련해 재미있는 이야기가 있는데요. 천문학자 그레고리 앨더링Gregory Aldering은 우리 은하가 목동자리 보이드 한가운데 자리하고 있었다면 아마도 1960년대가 되도록 전체 우주에 우리 은하만 존재하는 줄 알고 살았을 거라고 말했죠.

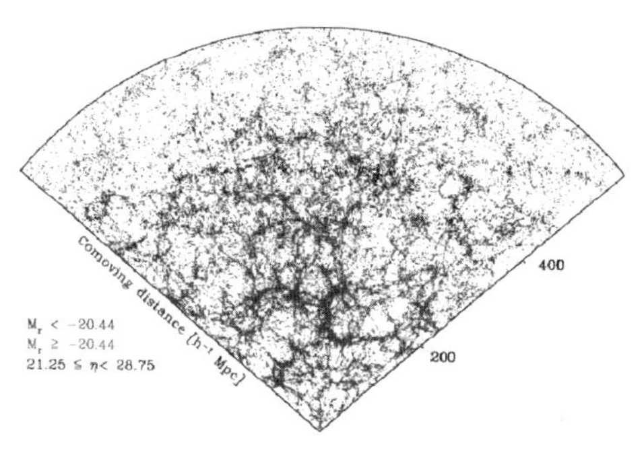

3차원 은하 지도 제작 프로젝트인 슬론 디지털 스카이 서베이(Sloan Digital Sky Survey)가 조사한 대규모 구조.

구독자들의 이런저런 궁금증 3

question
1

펄사Pulsar, 마그네타Magnetars처럼 이름도 매력적인 중성자별들의 온갖 신기하고 놀라운 특징에 대해 알고 싶어요.
-@Takoyaki_without_katsuobushi

펄사, 마그네타 모두 중성자별의 종류입니다. 우선 중성자별이 무엇인지부터 생각해보면 좋겠죠? 중성자별은 말 그대로 전기적으로 +를 띠는 양성자와 –를 띠는 전자가 한데 모여 반죽되면서 중성을 띠게 된 덩어리를 이야기합니다. 태양보다 훨씬 무거운 별이 진화를 마치고, 아주 높은 밀도로 붕괴하면서 남긴 찌꺼기입니다. 너무 강한 중력으로 반죽되어서 양성자와 전자마저 따로 떨어져 있지 못한 채 중성자로 뭉쳐진 상태라고 볼 수 있습니다. 그래서 중성자별은 하나의 거대한 중성자 덩어리라고 할 수 있습니다.

한 가지 재밌는 생각을 해볼 수 있는데요. 화학에서 원자들의 원자번호는 그 원자핵을 구성하는 양성자의 개수로 정의합니다. 양성자와 함께 얼마나 많은 중성자가 원자핵을 이루고 있는지에 따라 같은 원자라도 조금씩 질량이 달라집니다. 이런 것을 동위원소라고 부릅니다. 그렇다면 중성자별은 어떨까요? 일단 중성자별에는 양성자가 없습니다. 통째로 중성자만으로 이루어진 덩어리입니다. 그러니 생각해보면 원자번호가 0인 아주 무거운 동위원소 핵이라고도 볼 수 있습니다.

중력 수축으로 붕괴되기 전 모든 별은 중심 축을 중심으로 자전합니다. 그런데 중력 수축으로 인해 크기가 줄어들면, 회전 반경이 짧아지는 효과가 생기면서 회전 속도가 더 빨라집니다. 그래서 중성자별 대부분은 굉장히 빠른 속도로 자전합니다. 거대한 별이 1초에 700바퀴까지 자전하는 경우도 있습니다. 또 중성자별의 중심 축을 따라 강한 자기장이 형성되는데, 그 자기장을 따라서 중성자별이 강한 에너지를 토해낼 수 있습니다. 중성자별의 회전 축과 자기장 축 방향이 약간 틀어지기도 합니다. 그 경우 지구에서 굉장히 독특한 모습을 관측할 수 있어요. 회전 축에 대해서 약간 비스듬한 방향으로 뿜어져 나오는 중성자별의 에너지 제트가 지구를 향할 때는 밝게 관측되지만, 다시 지구 방향을 벗어나면 어둡게 보입니다. 중성자별은 굉장히 빠른 속도로 자전하기 때문에 이 깜빡임은 아주 짧은 주기로 관측됩니다. 마치 펄스 신호처럼 말이죠. 그래서 천문학자들은 이렇게 관측되는 별을 '펄사'라고 부릅니다.

한때 천문학자들은 펄사의 정확한 정체를 이해하지 못해 너무나 빠르게 깜빡이는 전파 신호의 모습을 보고 외계인이 보내는 신호가 아닐까 생각한 적도 있었습니다. 그래서 당시에는 작은 녹색 인간이라는 뜻의 '리틀 그린 맨(Little Green Man)'을 줄여서 LGM이라고 부르기도 했었죠.

한편, 마그네타는 말 그대로 떠다니는 자석으로, 펄사 중에서도 유독 자기장이 강한 경우를 이야기합니다.

question
2

우주에 존재하는 셀 수 없이 많은 별이 수소를 연료로 쓰잖아요? 그럼 우주에서 수소의 비율이 줄어드는 건가요? 아니면 새롭게 수소를 만드는 기작이 있는 건가요?

-@dongsu4462

아주 좋은 질문입니다. 실제로 천문학적인 스케일로 봤을 때, 우주의 수소 함량은 천천히 감소한다고 볼 수 있습니다. 현재 우주를 채우고 있는 75%의 수소 대부분은 빅뱅 직후, 우주의 온도가 팽창과 함께 식으면서 원자핵과 전자가 결합할 때 만들어진 최초의 핵융합, 바로 빅뱅 핵융합 단계에서 만들어진 수소입니다. 그 이후, 수소와 헬륨보다 더 무거운 원소들은 별 내부의 핵융합 반응을 통해 만들어집니다. 추가로 수소를 새롭게 만드는 기작은 우주에서 거의 벌어지고 있지 않습니다. 따라서 장기적인 관점에서 봤을 때, 우주의 화학 조성은 조금씩 변한다고 볼 수 있어요. 결국 수소와 헬륨이 차지하는 비중은 점차 줄어들 것이고, 그보다 더 무거운 중원소들의 함량이 조금씩 더 많이 차지하게 될 겁니다. 다만 애초부터 우주의 화학 조성은 거의 대부분이 수소와 헬륨으로 채워진 상태에서 시작되었기 때문에, 138억 년이 지난 지금까지도 여전히 우주의 화학 조성에서 중원소가 차지하는 비중은 극히 일부분처럼 보일 뿐입니다.

하지만 분명 우주의 화학 조성은 서서히 변화하고 있죠. 별들의 진화와 핵융합을 통해 우주의 화학 조성이 계속 변화하는 이러한 일련의 과정을 '우주의 화학적 비옥화(chemical enrichment)'라고 부릅니다.

question 3

우주에는 공전과 자전을 하지 않고 가만히 멈춰 있는 행성도 있나요?

–@user-cq6nf6ydn

이론적으로 공전과 자전을 하지 않고, 우주 공간에 가만히 떠 있는 행성을 기대하기는 어려울 거로 생각합니다. 행성이 형성되는 과정을 생각해보면, 대부분의 행성은 거대한 가스 구름이 반죽되는 과정에서 만들어지는 부산물이기 때문입니다. 우주 공간을 떠도는 대부분의 가스 구름은 아주 느리게나마, 한 방향으로 회전하는 속도를 가질 수밖에 없거든요. 가스 구름을 구성하는 입자들이 아무리 무작위로, 다양한 방향으로 떠돌고 있더라도 그 전체 움직임의 평균을 낸다면 완벽하게 서로 상쇄되는 경우는 거의 없을 것이기 때문입니다. 미세하게나마 특정한 한 방향으로 움직이는 전체 회전 성분을 얻을 수밖에 없습니다.

자체 중력으로 인해 가스 구름이 수축하고, 회전 반경이 짧아지는 효과를 얻으면 전체 가스 구름의 각운동량(角運動量, 회전운동하는 물체의 운동량)을 유지하기 위해서 회전 속도는 더 빨라집니다. 자연스럽게 가스 구름이 수축하면서 만들어지는 거의 모든 별과 행성은 자전과 공전을 하게 되죠.

만약 그 어떤 회전 성분도 갖고 있지 않은 천체가 만들어지려면 처음부터 완벽하게 가스 구름 속 입자들의 평균 운동 성분이 랜덤하게 분포해서, 그 어떤 방향으로도 운동 성분을 갖고 있지 않았어야 합니다. 하지만 그런 예를 현실 우주에서는 찾기 어려울 거로 생각합니다. 설령 그런 까다로운 조건에 부합하여 정말 멈춘 상태로 행성이 만들어졌다 하더라도 결국 주변의 또 다른 별과 행성에 의한 중력 상호작용으로 오랜 시간이 지나면 공전과 자전을 할 수밖에 없겠죠. 이처럼 우주의 모든 것은 서로가 서로에게 영향을 주고받는 세계라 할 수 있습니다. 우리는 모두 혼자 살아가지 않습니다.

question 4

별이 진화해서 중성자별이나 블랙홀이 되면 영원히 그 상태로 있는 건지, 그렇다면 영겁의 세월이 흐른 뒤에 우주는 중성자별과 블랙홀로만 가득해지는 건가요? 아니면 충분한 시간이 흐르고 나면 중성자별이나 블랙홀 역시 다른 진화가 기다리고 있는 건가요?

-@kr159

아주 좋은 질문입니다. 현재 항성 진화론에 따르면, 블랙홀 또는 중성자별 단계까지 도달한 별들의 시체는 그 이후 더 이상 진화할 수 있는 다음 단계는 없습니다. 단순히 붕괴 직전 품고 있던 열기가 우주 공간으로 퍼져 나가면서 식어가는 과정만 남습니다. 만약 아주 먼 미래가 된다면, 말씀하신 것처럼 우주에는 더 이상 그 어떤 새로운 별도 탄생하지 않는, 오직 죽은 별들의 시체로만 가득 채워진 죽음의 세계가 될 수 있습니다. 우주 팽창이 끝없이 이어지면서 더 이상 중력을 통해 가스 물질을 반죽해서 새로운 별을 만들 수 없는 상태가 될 겁니다. 그러면 오래전 죽고 남은 별들의 잔해들, 블랙홀, 중성자별, 다 식어버린 백색왜성 같은 존재들만 남게 되겠죠. 심지어 이마저도 영원하지 않습니다. 중성자별과 백색왜성도 만들어진 직후에 품고 있던 열기를 모두 잃으면, 결국 빛을 잃고 어두운 흑색왜성으로 바뀝니다.

안타깝게도 이 별들은 더 이상 내부에서 새로운 에너지를 만드는 핵융합이 벌어지지 않습니다. 따라서 처음에 품고 있던 열기가 다 사라지면 그대로 차갑게 식어버릴 수밖에 없습니다. 심지어 블랙홀도 영원하지 않습니다. 아주 오랜 시간이 걸리기는 하지만, 스티븐 호킹이 주장했던 호킹 복사 이론에 따르면 결국 블랙홀도 우주 공간으로 에너지를 방출하며 서서히 질량을 손실해갑니다. 흥미로운 건, 이 블랙홀의 호킹 복사는 블랙홀의 질량이 무거울 때는 그 속도가 천천히 진행되다가, 오히려 블랙홀의 질량이 줄어들수록 더 빠르게 진행된다는 점입니다. 결국 우주의 마지막 순간이 된다면, 모든 것이 사라진 어둠 속에서 최후의 블랙홀들이 증발하면서 남기는 강렬한 섬광을 잠깐씩 보게 될 겁니다.

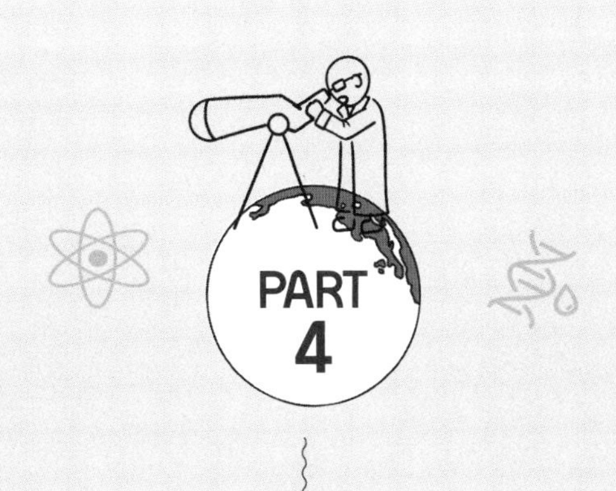

세상 만물의 과학

더울 때 선풍기를 틀면 왜 시원할까?

계절이 바뀌어 다시 여름이 찾아왔습니다. 어떻게 된 게 갈수록 겨울은 더 춥고 여름은 더 뜨거워지는 것 같은데요. 더위가 심해지면 사람들이 에어컨을 틀기도 하지만 선풍기 바람으로 견뎌야 할 때도 많잖아요. 우리는 바람을 쐬면 그냥 당연히 시원해진다고 여기지만, 생각해보면 방 안에 있는 같은 온도의 공기가 불어오는 것뿐인데 왜 시원할까요? 그 과학적 원리가 궁금합니다.

그 비밀은 수분 증발 과정에 관여하는 기화열에 있습니다. 인간은 기온이 올라가면 땀을 흘립니다. 그런데 선풍기 바람이 이 땀을 빠르게 말립니다. 액체는 기체로 변할 때 주위에서 열을 빼앗습니다. 이를 기화열 또는 증발열이라고 부르죠. 바람이 불면 액체 상태의 땀방울이 기체인 수증기로 변하는

데, 이 과정에서 주변 피부의 열을 빼앗아서 피부의 온도를 낮추는 거죠. 뜨거운 음식을 먹을 때 입으로 후 바람을 불 때나 더운 여름에 마당에 물을 뿌릴 때도 같은 효과가 발생합니다.

그런데 만약 몸에서 땀이 나지 않는다면 어떨까요? 아무리 선풍기 바람이 분다 해도 시원해지지 않습니다. 에어컨 바람처럼 바람을 구성하는 기체 분자들의 온도 자체가 낮아야 시원함을 느낄 수 있죠. 실제로 동물 중에는 땀을 흘리지 않는 종도 있잖아요. 이런 친구들을 위해서는 선풍기가 아니라 에어컨을 틀어줘야 합니다. 강아지는 땀을 흘리지 않아 혀를 길게 내밀어 침을 기화시켜 견디는데, 아무래도 바람이 사람에게 미치는 효과보다는 덜하겠죠. 고양이는 신기하게도 발바닥으로만 땀을 흘린다네요. 그래서 수의사들은 반려동물이 무더위로 힘들어할 때는 선풍기보다는 에어컨이 더 효과적이라고 말합니다.

냉장고 역시 기화열의 원리를 이용합니다. 냉장고는 기본적으로 냉각기, 압축기, 방열기라는 주요 부품으로 구성되는데요. 냉각기는 액화한 냉매 물질을 기화시켜 낮은 온도를 만들어냅니다. 우리가 넣은 음식물을 차갑게 해주는 핵심 부분이죠. 냉매 물질이 액체 상태에 있다가 기체 상태로 변하는 과정에서 땀이 기화하면서 체온이 내려가는 것과 같은 원리로 냉장고 내부의 온도가 내려가요. 이렇게 냉각기를 통과한 냉매는 기체 상태가 되는데 다음에 또 냉각을 이어가려면 다시 냉매 기체를 액체 상태로 바꿔야 해요. 바로 압축기가 하는 역할이죠. 압축기에서 기체 상태인 냉매를 액체로 다시 변환하는 과정은 냉각기에서 일어나는 과정과 반대로 진행되어서, 거꾸로 외부로 열을 방출하게 됩니다. 이 열을 외부로 방출하는 곳이 바로 방열기죠. 냉장고 뒷면에 구불구불한 파이프가 보이죠? 그곳에서 실내로 열이 방출됩니다. 결국 냉장고 안이 시원해진 만큼 방열기에서 열이 방출되었다는 얘기입니다. 당연히 그만큼 집 안의 온도는 상승하겠죠. 그러니 여름에 덥다고 집 안의 냉장고 문을 열어놓아 봤자, 발생한 냉기와 열기를 더하고 빼면 말짱 도루묵이겠죠. 반면 에어컨은 냉장고와 같은 원리의 구조이지만, 방열기가 집 바깥에 놓여 있다는 점이 중요합니다. 집 안이 시원해지는 만큼 바깥의 온도가 상승하는 거죠. 여름철 빌딩 밖 에어컨 방열기 옆을 지나쳐봤다면 다들 알겠죠?

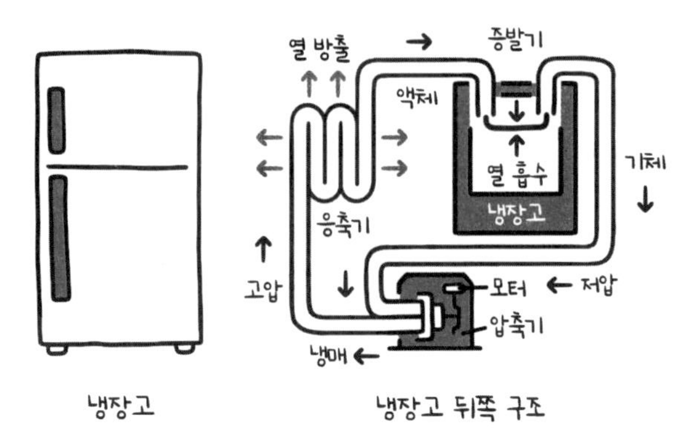

냉장고

냉장고 뒤쪽 구조

뜨거운 음식을 식히려고 입을 모아서 '후-' 하고 세차게 불 때 내뿜는 바람의 온도와 우리가 거울이나 안경을 닦으려고 입김을 '하-' 하고 가만히 불 때 바람의 온도가 다르게 느껴지잖아요. 이렇게 '후-'와 '하'-의 입바람 온도가 다른 이유는 단순합니다. 입술을 좁게 오므리고 바람을 불면, 입 안의 높은 온도의 기체가 원기둥 모양으로 빠르게 앞으로 나오는데, 이들 기체 분자는 움직이면서 주변의 공기를 끌고 함께 움직이게 됩니다. 입에서 나온 공기의 단면을 생각하면 '후-'의 경우는 그 단면적이 크지 않아요. 결국 입바람을 맞는 쪽에는 입속에서 나온 고온의 공기보다 더 많은 주변의 차가운 공기와 닿아서 따뜻하게 느껴지지 않습니다. 한편 입을 크게 벌리고 입김을 불면 이번에는 움직이는 입바람이 더 큰 단면적을 가져서 더 큰 부피의 공기가 입속에서 나오고 또 느리게 움직여요. 이때도 주변의 차가운 공기가 함께 움직이기는 하지만, 따뜻한 입바람에 비하면 상대적으로 비율은 작죠. 결국 입바람을 맞는 쪽에 도달하는 공기의 상당한 부분이 고온의 입김이 되고, 따라서 더 따뜻한 바람을 느끼게 됩니다.

위에서 설명한 이유로 온도가 다르기도 하지만, 만약 손바닥을 향해 입김을 이렇게 다른 방식으로 불면, 손바닥에서 일어나는 수분의 증발 속도도 다를 수 있어요. 빠른 공기가 더 효율적으로 손바닥에 있는 수분을 빠르게 증발시키기 때문이죠. 입김에 대고 있는 손바닥의 온도는 빠른 입바람에 의해 더 빠르게 내려가게 됩니다. 결국 '후-'와 '하-' 입김의 차이가 만들어지는 이유를 그리 어렵지 않게 설명할 수 있습니다.

저기압으로 날씨가 흐리다거나 고기압으로 날씨가 화창할 거라는 일기예보를 들은 적이 있을 텐데요. 저기압은 말 그대로 지면地面 부근의 대기 압력이 주변보다 낮다는 의미입니다. 대기는 압력이 높은 쪽에서 낮은 쪽으로 움직입니다. 따라서 지면 근처에서는 압력이 더 높은 주변에서 바람이 저기압 지역으로 밀려 들어오는데, 이렇게 사방에서 유입된 공기는 결국 방향을 바꿔 위로 상승하는 기류를 만들어냅니다. 대기의 온도는 지면 근처에서 높고 위로 올라가면서 낮아져요. 저기압 지역에서 상승하는 뜨거운 공기는 온도가 높아서 더 많은 기체 상태의 물 분자를 포함하는데, 위로 오르면서 차가운 공기를 만나면 이들 물 분자가 이제 기체가 아닌 액체 상태로 바뀝니다. 결국 저기압 지역의 하늘에 구름이 만들어집니다.

고기압이 있는 지역은 어떨까요? 지면 부근에서 고기압 지역의 공기는 압력이 낮은 주변으로 움직입니다. 이렇게 움직인 공기를 채우려 이제 고기압 지역 상공의 대기가 아래로 내려오는 하강 기류가 형성되겠죠. 아래로 내려오던 수분을 머금은 공기가 온도가 높은 지면 가까이로 내려오면 물 분자들은 액체가 아닌 기체 상태로 있게 되겠죠. 결국 고기압 지역의 상공에는 구름이 사라지게 됩니다. 이제 고기압 지역에서는 하늘에 구름이 적고, 저기압 지역에서는 구름이 많은 이유를 이해할 수 있겠죠?

레이저 포인터의 빛은 어째서 퍼지지 않고 직진할까?

레이저 포인터라는 게 있잖아요. 강의나 프레젠테이션을 할 때 사용하면 편리하죠. 저는 고양이와 놀 때도 종종 사용하는데요. 우리가 전등을 켜면 빛이 사방으로 퍼지면서 온 방 안이 다 환해지잖아요. 어떻게 레이저 빛은 전구처럼 퍼지지 않고 먼 거리까지 한 점으로 정확하게 날아가는지 궁금합니다.

레이저는 형광등이나 백열등 그리고 촛불 같은 빛과 만들어지는 원리가 다르기 때문입니다. 레이저laser라는 이름은 'Light Amplification by Stimulated Emission of Radiation'이라는 영문의 머리글자를 모아 만들어졌는데요. 우리말로 그대로 풀어 쓰면 '복사 유도 방출에 따른 빛의 증폭'이라는 어려운 뜻이 됩니다.

빛은 물결처럼 파동을 그리며 퍼져 나갑니다. 파동이 그리는 곡선에서 같은 위상位相을 가진 지점 간의 거리, 쉽게 말해서 같은 높이에 있는 지점 간의 거리를 '파장'이라고 합니다. 그러니까 한 번의 주기가 완성되는 진동의 길이가 파장인 거죠. 이 파장의 길이에 따라 엑스선(X선), 자외선, 가시광선, 적외선 그리고 전파로 나눌 수 있는데요. 인간은 400nm에서 700nm 사이의 파장을 가진 가시광선만 눈으로 볼 수 있습니다. 가시광선이라는 단어 자체가 가시可視, 즉 '볼 수 있는'이라는 뜻입니다. 'nm'은 'nanometer'라는 단위로 10억 분의 1미터를 뜻합니다. 상상이 잘 안 되지만, 1nm는 대략 머리카락 두께를 10만 분의 1로 쪼갠 정도라고 합니다.

전자기파의 파장 범위는 상상하기 힘들 정도로 짧은 수십, 수백조 분의 1미터 단위의 여러 우주선宇宙線, cosmic rays부터 몇 킬로미터가 넘는 장파長波, low frequency까지 엄청나게 넓습니다. 인간의 안구를 통해서 볼 수 있는 가시광선인 전자기파의 범위가 얼마나 좁은지 알 수 있죠. 만약 우리가 가시광선을 볼 수 있듯이, 모든 전자기파를 볼 수 있다면 우주는 도대체 얼마나 화려한 모습으로 빛날까요?

가시광선을 프리즘으로 분해하면 '빨주노초파남보'의 무지개색이 펼쳐지죠. 파장의 길이에 따라 700~610nm는 빨강, 610~590nm는 주황, 590~570nm는 노랑, 570~500nm는 초록, 500~450nm는 파랑, 450~400nm는 보라 등으로 보입니다. 파장이 빨강보다 길면 적외선, 보라보다 짧으면 자외선이죠. 이름 그대로입니다. 붉을 적赤, 바깥 외外, 광선 선線이라는 3가지 한자가 적외선이니까 빨강 바깥의 광선이 적외선, 마찬가지로 보라 바깥의 광선이 자외선이 되는 거죠. 자외선보다 파장이 더 짧은 빛이 엑스선, 즉 엑스레이X-ray입니다. 병원에서 우리 몸속을 들여다볼 때 사용하는 빛이죠.

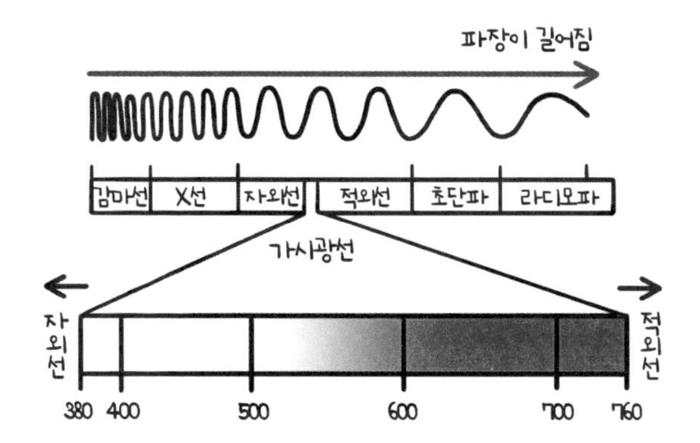

레이저는 자연에 존재하지 않는 인간이 만든 특별한 빛인데요. 레이저 빛을 만드는 원리를 알기 쉽게 비유적으로 설명해볼게요. 나무에 매달린 많은 나뭇잎에 물방울이 맺혀 있으면 나무를 살짝만 건드려도 후두둑 물방울이 떨어지잖아요. 마치 그런 나뭇잎처럼 특정 물질 내부의 많은 전자를 에너지가 높은 상태로 만듭니다. 나뭇잎에 맺힌 물방울들이 살짝 건들기만 해도 한꺼번에 떨어지듯이, 외부에서 빛알(광자)을 보내면 높은 에너지 상태에 있던 많은 전자가 낮은 에너지 상태로 일제히 떨어지면서 두 상태 사이의 차이만큼 에너지를 가진 많은 빛알을 만들어내요. 이때 방출된 많은 빛알이 다시 또 물질 내에서 높은 에너지 상태에 있는 전자를 자극해서 연이어 더 많은 빛알을 방출하게 됩니다. 레이저가 이렇게 높은 에너지 상태를 가진 많은 전자를 유도해서 강한 빛을 방출하게 만든다고 해서 '복사 유도 방출에 따른 빛의 증폭'이라는 이름이 붙여진 거죠.

레이저는 자연에서 보통 생성되는 전자기파와는 다른 특성이 있는데요. 레이저를 생성하려면 앞에서도 말했듯이 하나의 특정 물질 내부 전자들을 고高에너지 상태로 만들어야 하기 때문에, 즉 한 종류의 레이저 매질laser medium을 이용하기 때문에 같은 색을 가진 전자기파만 생성됩니다. 색이 같다는 건 파장이 같다는 의미이기도 하죠. 그래서 레이저는 프리즘으로 분해하더라도 가시광선과 달리 하나의 색만 나타납니다. 또 파장이 동일하기 때문에 간섭성이 강해서 방출되는 빛의 위상이 정확하게 겹치고, 방출되는 많은 빛알이 같은 방향을 갖게 됩니다. 그래서 레이저 빛은 흩어지지 않고 아주 먼 거리까지 직진하는 거죠.

빛의 속도로 간다는 건 어떤 의미일까?

인류가 쌓아온 물리학 원리에 따르면 빛의 속도는 넘어설 수 없는 궁극의 한계라고 배웠는데요. 우리가 궁금해하는 우주의 다른 은하들은 대개 수십, 수천 광년 심지어 수십억을 넘어 백억 광년 이상 떨어져 있습니다. 그렇다면 현실이 아닌 이론상으로도 인류가 우주의 다른 은하를 직접 경험할 가능성은 전혀 없는 건가요?

지구에서 우리에게 가장 친숙한 안드로메다은하까지의 거리가 대략 250만 광년입니다. 그러면 대부분 사회자의 질문처럼 빛의 속도만큼 빠른 우주선을 개발한다고 해도 우리가 살아서는 결코 그곳에 가지 못할 거로 생각하죠. 사실은 그렇지 않거든요. 우주선의 속도를 빛에 아주 가깝게 굉장히 빠른 속도로 끌어 올릴 수 있다면 목적지까지의 거리가 줄어들어요. 아인슈타인의 특수 상대성 이론에 따른 결과인데요. 광속에 가까운 속도로 움직이면 정지해 있을 때보다 관찰자가 측정하는 외부의 거리가 줄어듭니다. 속도가 빠르면 거리가 수축한다는 것을 처음 제안한 사람은 아인슈타인이 아닙니다. 네덜란드의 물리학자 헨드릭 로런츠Hendrik Lorentz입니다. 그는 1893년 속도에 따른 거리 수축 효과를 도입하면, 지구가 움직이는 방향과 상관없이 항상 빛의 속도가 같은 값으로 측정되는 실험 결과를 설명할 수 있다는 것을 깨달았죠. 일정한 속도로 움직이는 물체는 운동하는 방향으로 길이가 줄어든다는 이론적인 결과를 주장했습니다.

빛은 7분의 1초 동안 지구를 한 바퀴 돈다.

빛이 파동을 그리면서 진행한다는 것이 확인되자 과거에는 빛을 전달하는 매질medium이 존재한다고 생각했습니다. 음파인 소리가 공기를 타고 전달되고, 수면파인 물결은 물을 타고 전달되고, 지진파는 땅을 타고 전달되듯이 빛 역시 파동이라면 이를 전달하는 매질이 있을 거로 추정했죠. 이를 에테르aether라고 이름까지 붙였습니다. 그러니까 우주 공간도 진공 상태가 아니라 에테르라는 어떤 미지의 물질로 가득 채워져 빛의 파동을 전달하는 역할을 할 테고, 지구는 이 에테르 속을 공전하고 있다고 생각한 겁니다. 그렇다면 이 에테르의 흐름과 나란히 운동하는 빛의 파동과 수직으로 운동하는 빛의 파동에는 분명 진행 거리의 차이가 발생할 테고 이 차이를 빛의 간섭 현상으로 측정할 수 있겠죠.

1880년대에 앨버트 마이컬슨Albert Michelson과 에드워드 몰리Edward Morley는 이 간섭 현상을 이용하여 빛의 속도에 발생하는 차이를 측정해서 에테르의 존재를 확인하기 위한 실험을 했습니다. 광원 하나에서 나온 빛을 두 줄기로 분리해서 거리는 같지만 방향은 90도의 각도로 다른 두 경로를 거치게 하여 다시 만나게 합니다. 이때 에테르가 있다면 지구 공전의 영향을 받아 두 빛에 간섭 무늬가 나타날 테니 그것을 측정하겠다는 것입니다. 문제는 아무리 반복해서 실험해도 측정의 오차 범위를 넘어서는 수준의 간섭 현상을 발견할 수 없었다는 거죠. 그때는 과학 기술이 발전하지 않아서 측정 장치가 정교하지 않은 탓이라고 생각할 수도 있지만, 이들이 고안한 관측 장치의 설계는 지금도 중력파 검출에 이용될 정도로 아주 높은 정확도를 자랑합니다. 결국 에테르의 존재를 입증하려는 실험에서 아이러니하게도 빛의 파동은 매질에 의지하지 않고도 발생한다는 사실을 밝혀냈죠. 마이컬슨-몰리 실험은 실패했지만, 오히려 이후 로런츠와 아인슈타인 등으로 이어지는 위대한 물리학자들에 의해 광속 불변의 원칙과 상대성 이론의 완성 등 물리학 혁명을 일으키는 원동력이 되었습니다.

과학자들은 마이컬슨-몰리 실험을 과학의 역사에서 '가장 성공적으로 실패한 실험'이라고 불러요. 방향에 따른 빛의 속도 차이를 측정하려는 원래의 목표를 달성하는 데에는 실패했지만, 이 실험의 결과로 빛의 속도가 관찰자의 속도와 상관없이 항상 일정하다는 것을 보여주는 데에는 멋지게 성공했기 때문이죠.

메테르의 존재를 증명하려는 실험에서 없다는 사실을 밝혀
1907년 미국인 최초의 노벨물리학상을 받았다.

로런츠는 관측자의 상대속도와 관계없이 광속이 일정한 값으로 측정되는 이유가 빛이 달리는 방향으로 길이가 줄어들기 때문이라고 설명했어요. 로런츠는 사실 에테르가 없다고 믿은 것은 아니라고 해요. 아인슈타인은 에테르가 존재한다는 가정은 차치하고, 로런츠가 설명하는 길이의 수축이 우주의 시공간이 가진 본질적인 특성 때문이라는 특수 상대성 이론을 완성했습니다. 로런츠는 길이의 수축을 아인슈타인보다 먼저 이야기했지만 특수 상대성 이론을 생각하지는 못했던 거죠.

만약 인류의 기술이 지금과는 또 다른 차원으로 발전해서 정말로 빛의 속도에 근접한 우주선을 개발한다면 250만 광년 거리의 안드로메다은하라고 하더라도 몇 년 안에 갈 수 있습니다. 아니 몇 년은 고사하고 며칠, 아니 더 짧아질 수도 있겠죠. 문제는 우주선의 속도가 점점 증가하면 속도를 높이는 데 필요한 에너지가 점점 커져서, 광속에 가까워지면 약간의 가속에도 필요한 에너지가 무한대로 발산된다는 겁니다. 즉 질량이 있는 물체를 광속으로 가속하려면 무한대의 에너지가 필요하다는 계산이 나옵니다. 따라서 처음 질문으로 돌아가면, 안타깝게도 현재 인류의 과학 기술로는 우리가 살아생전 다른 은하를 직접 방문할 가능성은 없다는 결론이 나오네요.

병원 엑스레이는 어떻게 몸속을 찍을까?

건강검진을 하려고 병원을 가면 엑스레이를 찍잖아요. 그러면 몸속이 적나라하게 찍혀 나오는데요. 가끔 제 몸을 찍은 엑스레이 사진을 보면서 민망하기도 하고 신기하기도 하더라고요. 하지만 엑스레이라는 것이 어떻게 몸속 사진을 그렇게 정확하게 찍는지는 생각해본 적이 없는 것 같습니다. 도대체 그 원리가 뭡니까?

엑스레이는 파장이 아주 짧은 전자기파, 즉 빛의 한 종류입니다. 파장이 짧으면 진동수[주파수, frequency]가 크고, 진동수가 크면 에너지가 강하거든요. 보통 우리가 볼 수 있는 가시광선은 그렇게 에너지가 크지 않아서 대부분 우리 몸을 전혀 투과하지 못하고 피부에서 튕겨 나갑니다. 반면에 엑스레이는 어느 정도 밀도의 물체여도 뚫고 들어갈 수 있습니다. 그래서 빛에 반응하는 필름 같은 물질을 반대쪽에 두고 엑스레이를 쏘면 밀도가 낮은 부분은 잘 통과하고 밀도가 높은 부분은 통과하지 못해서 내부의 모양 그대로 음영이 그려집니다.

예를 들어 공항 검색대에서는 가방을 열어보지도 않고 이런 엑스레이의 원리를 이용해 안에 뭐가 들었는지를 훤히 알아볼 수 있죠. 사람의 몸 같은 경우에 뼈 조직은 엑스레이가 통과하지 못해서 사진에 하얗게 보입니다. 피부나 장기 같은 경우는 까맣게 나오는데 그 안에 종양이나 결절 같은 게 있으면 회색빛 음영이 나타나서 이를 구분할 수 있습니다. 우리말 속담 "열 길 물속은 알아도 한 길 사람 속은 모른다"도 이런 과학적 원리에 비추어 보면 훨씬 흥미로운데요. 이 속담이 맞는 이유는 가시광선이 물은 어느 정도 투과하지만 인체는 거의 투과하지 못하기 때문이죠. 하지만 이제 엑스레이를 이용하면 한 길 사람 속도 얼마든지 알 수 있는 거죠.

엑스레이를 처음으로 발견한 사람은 1895년 독일의 물리학자 빌헬름 뢴트겐Wilhelm Conrad Röntgen입니다. 그는 이 공로로 영광스러운 첫 번째 노벨물리학상 수상자가 됐죠. 그가 엑스레이를 발견한 과정이 참 재미있는데요. 어느 날 저녁, 그는 음극선관을 이용해 이런저런 실험을 하고 있었습니다. 음극선관은 유리로 만든 진공관 양쪽에 전극을 집어넣은 장치인데요. 이 전극에 전류를 흘려보내면 음극선이라는 전자의 흐름이 발생합니다. 요즘은 TV가 아주 얇게 만들어지지만 예전에는 덩치가 큰 브라운관을 이용했는데요. 이 브라운관이 음극선, 즉 전자의 운동에너지가 화면에 칠해진 형광물질과 충돌하면서 빛을 발생시켜 영상을 만들어내는 일종의 음극선관이었습니다.

한번은 뢴트겐이 음극선관을 두꺼운 종이로 꽁꽁 싸매서 음극선이 새어 나오지 못하게 했습니다. 그런데 몇 미터 떨어진 책상 위에 우연히 놓여 있던 형광물질이 빛나기 시작했습니다. 그는 두꺼운 책이나 고무, 나무 같은 물질로 음극선관을 가려도 같은 현상이 발생하자 마침내는 아내의 손을 이용했습니다. 그러자 손가락뼈뿐만 아니라 손가락에 낀 반지까지 생생하게 반대편 감광물질에 그려졌죠. 뢴트겐 아내는 얼마나 놀랐던지 자신의 죽음을 봤다며 다시는 남편의 실험실 근처에도 오지 않았다고 합니다. 뢴트겐은 알 수 없는 광선이 물질을 투과한다고 생각했고 이를 정체불명의 광선이라는 뜻으로 X-ray라고 이름 붙였습니다.

아내의 손가락에 낀 반지까지 생생하게 보여주는 엑스레이 사진.
세계 최초로 엑스선을 발견한 뢴트겐.

엑스선은 가시광선보다 수천 배나 파장이 짧습니다. 감마선은 엑스선보다도 파장이 더 짧아요. 파장이 짧으면 진동수가 크고, 빛알의 에너지는 진동수에 비례해서 감마선의 에너지가 엑스선보다 큽니다. 큰 에너지를 가진 감마선은 인체의 세포나 조직에 손상을 일으킬 수도 있습니다. 하지만 엑스선은 에너지가 작아서 인체에 미치는 영향이 미미해서 아주 많은 양에 노출되지 않는다면 부작용을 그리 걱정할 필요는 없습니다. 그런데 전자의 흐름인 음극선에서 이렇게 짧은 파장의 전자기파가 발생하는 이유는 뭘까요? 원자는 음의 전하를 가진 작은 입자인 전자를 가지고 있습니다. 외부에서 에너지가 공급되면 원자핵에 가깝게 붙어 있던 전자가 더 높은 위치로 도약합니다. 전자는 안정된 에너지 상태로 돌아가려는 기본 속성이 있지요. 외부의 에너지 때문에 도약한 전자는 다시 제자리로 돌아가면서 그 에너지 차이만큼의 전자기파를 방출하죠. 음극선관에서는 한쪽 전극에서 에너지를 공급받아 방출된 전자가 맞은편에 부딪히면서 짧은 파장의 전자기파를 방출하는 겁니다.

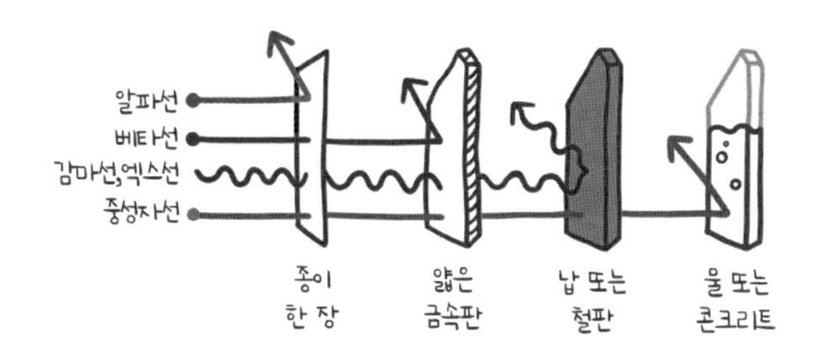

방사선의 투과 능력

건강에 좋다는 게르마늄 팔찌, 사실일까?

제가 어렸을 때부터 살펴보니까, 건강에 좋다고 하면서 파는 상품에도 유행이 있는 것 같아요. 먼저 이런저런 자석 팔찌들이 있죠. 그다음으로 옥장판, 게르마늄, 음이온처럼 뭔지는 모르는데 건강에 좋다는 설명을 붙인 유사과학 상품이 팔립니다. 그중에 실제로 건강에 좋은 것도 한두 개는 있을 것 같은데, 어떤가요?

건강과 관련한 유사과학은 특히 우리가 주의를 기울여야 하는데요. 그중에서 게르마늄 이야기를 먼저 해볼까요. 사실 올바른 표기는 저마늄germanium인데요. 현실에서는 저마늄보다는 게르마늄이 더 널리 통용되는 것 같아요. 실제로 게르마늄 팔찌가 꽤 비싼 값에 팔리는 것 같은데요. 게르마늄이 건강에 좋다는 데는 정말 묘한 논리가 숨어 있습니다.

한쪽으로만 전류를 흐르게 하고 반대 방향으로는 흐르지 못하게 하는 반도체 소자를 다이오드diode라고 합니다. 게르마늄과 적절한 다른 물질을 함께 이용하면 바로 이 다이오드를 만들 수 있어요. 게르마늄 건강 팔찌를 제작해서 파는 사람들이 이 논리를 어떻게 발전시켰느냐 하면, 반도체가 전류를 한쪽으로만 흐르게 만드니까 게르마늄으로 팔찌를 만들어 착용하면 사람 혈관 속 피의 흐름 역시 한쪽으로 늘려준다는 거예요. 게르마늄이 전류의 흐름을 조절하는 데 이용된다고 해서 사람 혈액의 흐름을 조절할 수 있는 것은 전혀 아니죠. 이렇듯 가짜 과학을 이용한 상품은 처음에 무언가 그럴듯한 이야기를 하다가 갑자기 비논리적인 왜곡과 비약을 합니다. 낯선 전문 용어를 활용해서 어떤 과학적 근거가 있는 것처럼 사람들을 현혹하죠.

음이온 관련 주장도 황당하기는 마찬가지입니다. 플러스나 마이너스 전하를 띠는 원자를 이온이라고 하고 그중 전자가 더 많아 마이너스 전하를 띠는 이온을 음이온negative-ion이라고 하는데요. 외부 에너지의 유입 없이, 예를 들어 전원을 연결하지 않았는데도 음이온을 끊임없이 방출하는 건 과연 무엇인지 생각해 볼 필요가 있습니다. 놀랍게도 바로 방사성 물질입니다. 방사성 물질의 불안정한 원자핵이 붕괴하면서 음이온을 방출하는 거죠.

불과 몇 년 전에 우리나라의 한 침대 제조업체가 음이온을 계속 내뿜는 매트리스를 만든다며 천연 방사성 물질인 모나자이트monazite 가루를 스펀지와 매트리스 커버에 섞어 넣었다가 방사성 동위원소이자 1급 발암물질인 라돈이 검출되는 바람에 사회적으로 큰 물의를 일으킨 일이 있었습니다. 자석 팔찌나 목걸이 같은 건 두말할 필요 없는 유사과학이죠. 우리 몸속의 혈액이나 장기가 자성을 띠고 있지 않아서 자기장은 우리 몸에 거의 영향을 미치지 않으니까요. 예를 들어 병원에서 신체 내부를 촬영하는 데 사용하는 자기공명영상장치MRI는 그런 제품들보다도 엄청나게 더 강한 자성을 이용하지만, 긍정적이든 부정적이든 인체에 영향을 끼치지 않는다고 알려져 있거든요.

우리가 스마트폰이나 컴퓨터, TV, 라디오 등 각종 전자기기 등을 너무 몸에 붙여서 오래 사용할 때, 전자파가 몸에 해로우니 사용 시간을 좀 줄이라고 흔히들 이야기합니다. 하지만 전자파가 건강에 해롭다는 믿음도 사실 근거가 없습니다. 일단 용어부터 잘못 사용하고 있는데요. 전기장과 자기장이 주기적으로 서로 상대를 유도하면서 진행하는 파동을 과학자들은 전자기파라고 불러요. 보통 전자파라고 부르는 것이 바로 이 전자기파를 일컫죠. 그런데 사람들은 전자파라고 하면 마치 위험한 것처럼 생각해요. 전자기파 중에서 인간의 눈에 보이는 극히 일부분의 파장대가 가시광선이고 우리가 빛이라고 부르는 거죠. 우리가 통신기기에서 주로 사용하는 전자기파는 보통 전파라고 부르지만 원래 용어는 라디오파radio wave예요. 라디오 같은 방송에 이용되는, 파장이 긴 전자기파라는 뜻이죠. 앞에서도 다뤘지만, 통신에 이용하는 라디오파 영역의 전자기파는 파장이 길어서 진동수가 작고 따라서 에너지가 크지 않아요. 파장이 길수록 장애물이 있더라도 막히지 않고, 크게 돌아서 전달되는 성질, 즉 회절이 강해져서 장거리 통신에 유리해요. 진동수 3KHz부터 3THz까지의 전자기파인 라디오파를 각종 통신에 사용하죠. 우리가 라디오파를 전파라고 하지만 이 전파도 파장이 긴, 그냥 전자기파예요. 전파도 당연히 자기장과 전기장이 함께 진행하죠. 파장의 영역으로 전자기파를 구분하는 목적이라면 저는 좀 더 분명하게 라디오에 이용하는 전자기파라는 뜻으로 라디오파라고 부르면 좋겠어요.

물론 가시광선보다 진동수가 크고 파장이 짧은 자외선이나 엑스선에 일정 수준 이상 노출되면 인체에 해로운 영향을 줄 수 있

죠. 특히 감마선처럼 에너지가 매우 높은 전자기파는 인체의 세포를 파괴하고 DNA 구조를 망가뜨려 암을 유발할 수도 있습니다. 하지만 가시광선보다 진동수가 작고 파장이 긴 적외선이나 원적외선, 라디오파 등은 오히려 햇빛보다도 안전하죠.

사실 저는 유사과학이라는 표현 자체가 좀 마음에 들지 않습니다. 아마 'pseudo-science'를 우리말로 유사과학이라고 번역한 것으로 보이는데요. 이 말을 듣는 순간 아직 과학은 아니지만 앞으로 노력하면 과학이 될 수도 있는, 조금이라도 과학이 될 가능성이 있는 무언가처럼 들리거든요. 저는 유사과학이라고 하지 말고 '거짓 과학'이나 '가짜 과학'이라고 하면 좋겠어요. 용어가 명확해지면 앞에서 말한 여러 엉터리 제품으로 사람들을 현혹하는 일이 좀 줄어들지 않을까요?

6 미신을 믿습니까?

앞으로는 우리 〈보다BODA〉 채널부터 솔선수범해서 유사과학 대신 '가짜 과학'이라는 표현을 사용해야겠군요. 그럼 이번에는 가짜 과학 중에서 미신에 관한 이야기를 해보죠. 예를 들어 시험 볼 때 미역이나 상추를 먹지 말라는 말이나 점성술 같은 미신에 대해 과학자들은 어떻게 생각하나요?

미역은 미끌미끌하잖아요. 그래서 시험에 합격하지 못하고 미끄러질까 봐 그런 거니까 완전히 미신이죠. 미역은 영양분이 많으니까 시험 기간에 먹는다면 오히려 도움이 되지 않을까요? 상추는 어느 정도 과학적인 이유가 있는 것 같습니다. 다 자란 상추 줄기를 꺾어서 살펴보면 우유 같은 점액질이 나오잖아요. 그 속에 최면 작용을 하는 락투카리움이라는 성분이 들어 있어서 졸음이 몰려올 수 있다고 하네요. 하지만 우리가 마트에서 사서 먹는 상추는 어린잎이어서 그런 성분이 든 액즙이 나오지 않는다고 하니까 이 역시 괜한 걱정인 것 같습니다.

이외에도 우리 사회에는 이런저런 미신이 많은데요. 제가 들어본 것만 해도 빨간색으로 이름을 쓰면 안 된다거나, 숫자 4는 불길하다거나, 꿈에 돼지가 나오면 돈을 번다는 등의 온갖 속설이 있는데, 조금만 따져보더라도 모두 앞뒤가 맞지 않는 미신이라는 걸 누구나 알 수 있겠죠. 이런 미신에 휘둘리지 않으려면 항상 합리적인 사고를 하려는 자세가 중요한 것 같습니다.

한국의 유명한 미신

점성술은 천체의 움직임을 보고 인간의 운명이나 국가의 길흉을 내다보는 미신의 한 종류인데요. 꽤 역사가 깊습니다. 대략 기원전 2000년부터 바빌로니아인들이 점성술을 활용했고 고대 중국에서도 별자리를 보고 왕의 건강이나 국가에 재난이 닥쳐올지 등을 예측했다는 기록이 있죠. 점성술은 미신이긴 하지만 태양이나 달, 별들의 위치와 움직임을 자세히 살펴야 했기에 천문학의 발전에 도움을 주긴 했습니다. 사실 점성술과 천문학이 명확히 분리된 것은 우리가 사는 땅 위의 세상이나 하늘 위 세상인 천체나 모두 보편중력의 법칙이라는 동일한 원리로 움직인다는 점을 뉴턴이 밝힌 시점일 겁니다.

점성술이 그렇게 동서양을 막론하고 유행했던 것은 아마도 불시에 닥치는 무서운 재난의 원인을 어떻게든 설명해보려는 시도 때문이지 않았을까 싶어요. 전쟁이나 전염병이 발생해서 무수히 많은 사람이 희생됐는데, 이런저런 이유 때문이라고 설명은 할 수 있어야 조금이라도 덜 불안할 테니까요. 우리나라에도 칠월 칠석에 견우와 직녀가 오작교에서 만난다는 설화가 있잖아요. 사실은 7월만 되면 장마가 닥쳐서일 거예요. 지금은 전형적인 기후 현상이라고 이해하지만, 당시에는 견우와 직녀가 만나서 눈물을 흘려서 비가 많이 온다는 식으로 설명하고 싶었던 거죠. 한마디로 점성술 또한 불가항력으로 닥치는 재난에 대한 두려움을 좀 회피하고 싶어서 탄생한 게 아닐까 생각합니다.

사실 지금까지도 천체와 관련한 여러 미신이 남아 있는데요. 보름달이 뜨면 자살하는 사람이 많아진다거나 혜성이 재앙의 전

조라거나 하는 것들이 있죠. 그중에서도 태양계의 행성 8개가 수금지화목토천해 순서대로 쭉 일렬을 이루면 중력이 너무 커져서 지구가 막 쪼개지면서 멸망한다는 음모론이 있는데요. 다른 행성의 중력이 공간적 차이를 두고 미치는 영향력을 기조력이라고 하는데, 태양계 각 행성 사이의 거리를 감안하면 다른 행성이 지구에 미치는 기조력은 태양이나 달에 비하면 수천 분의 1 수준에 불과합니다. 행성들이 일렬로 서서 혹여라도 연쇄 효과가 발생한다고 해도 지구에 무슨 일이 벌어질 리는 만무하죠. 또 흔히 하는 착각 중 하나가 우리 눈에 행성들이 일렬로 보이면 실제로 태양계 행성들이 우주 공간에서 한 줄로 늘어서 있다고 생각하는 겁니다. 만에 하나 일렬로 서 있다면 우리에겐 모든 행성이 겹쳐서 한 점으로 보여야 하죠.

아직도 지구가 평평하다고 믿는다고?

가짜 과학에는 정말 재미있는 이야기가 많은 것 같아요. 하지만 그중에는 간혹 그냥 재미있네 하고 넘기기에는 너무 터무니없는 주장을 하는 사람들도 있더라고요. 어디선가 들었는데, 아직도 지구가 평평하다고 주장하는 지구 평면설을 믿는 사람들이 있다고 하더라고요. 비행기만 타봐도 지구가 둥글다는 것을 알 수 있는데, 어떻게 그런 잘못된 믿음을 가질 수 있을까요?

지구가 둥글다는 건 이미 기원전부터 지혜로운 학자들에 의해 밝혀진 사실입니다. 특히 아리스토텔레스는 월식 현상을 근거로 지구가 둥글다는 주장을 했는데요. 월식은 태양, 지구, 달이 일직선으로 늘어설 때, 달이 지구의 그림자에 의해 가려지는 천체 현상입니다. 아리스토텔레스는 이렇게 월식 현상이 발생할 때 달에 생기는 지구의 그림자가 구형이라는 과학적 근거를 제시했죠. 놀랍게도 아리스토텔레스는 지구가 둥그렇다는 또 다른 근거로, 세상 모든 물질이 땅으로 떨어지니까, 즉 한 점으로 모이다 보니 지구가 공처럼 둥그런 형태일 거라고 해석했다는 겁니다. 뉴턴보다 거의 2000년 앞서 중력과 흡사한 개념을 떠올렸다는 점에서 아리스토텔레스가 정말 대단한 통찰력을 지닌 천재라는 걸 알 수 있죠.

기원전 240년경 고대 그리스의 수학자이자 천문학자 에라토스테네스는 막대기 하나로 둥그런 지구의 둘레까지 계산해냈습니다. 800㎞가량 떨어진 두 도시인 이집트의 시에네와 알렉산드리아에서 해가 가장 높게 뜨는 하짓날 정오에 같은 막대기를 땅 위에 세워 그림자 길이를 쟀더니 서로 달랐던 거죠. 만약 지구가 평평하다면 두 그림자의 길이가 같아야 하니까요. 그는 이 현상을 이용해 현재 밝혀진 실제 지구 둘레와 10% 정도의 오차밖에 나지 않는 믿기 어려운 정확성으로 지구 둘레를 계산해냈죠.

무슨 이유로 그렇게 믿고 싶은 건지는 잘 모르겠지만, 지구 평평론자들의 주장은 지구가 납작한 접시처럼 원판 모양이라는 겁니다. 심지어 해마다 'The Flat Earth Society'라는 이름으로 학회까지 개최하면서 과학자들처럼 논문을 발표하기도 하는데요. 현재도 이 이름으로 인터넷에 검색하면 이들의 홈페이지가 활발하게 운영되고 있다는 걸 알 수 있습니다. 어떤 다큐멘터리를 보

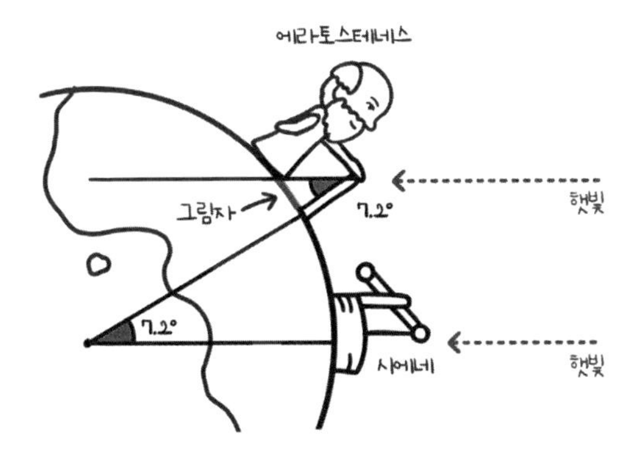

에라토스테네스와 그가 제시한 지구 그림자

니까 납작한 지구 모형을 굿즈 상품으로 만들어 판매까지 하더라고요. 이 사람들의 주장 중 하나가 비행기가 다니는 항로가 북극에는 있는데 남극을 관통하는 건 없다는 겁니다. 지구가 구형이라면 남극에도 비행기가 왔다 갔다 해야 하는데, 남극 자체가 존재하지 않으니까 항로가 없다는 거죠. 사실 남극 항로가 없는 이유는 엄청 간단하거든요. 북반구에는 넓은 대륙에 대도시가 많아서 항공 수요가 많은 데 반해 남극은 그렇지 않은 데다가 혹시 사고가 발생하면 중간에 불시착할 수 있는 장소도 없다는 등의 여러 이유가 있거든요. 물론 가끔 남극을 뚫고 지나가는 항로가 있기는 하지만 수익성이 떨어지니까 지속적으로 운영되지 않을 뿐이죠.

지구 평평론자 내부에는 다양한 학설까지 존재합니다. 그들 말처럼 지구가 평평하면 달이나 화성 같은 천체 역시 평평한 모양인지, 아니면 공 모양인지 의문이 생기잖아요. 그 모임 내부에는 지구만 평평하다고 주장하는 사람이 있는가 하면, 다른 행성도 모두 평평하다고 주장하는 사람도 있습니다. 또 태양은 납작한 지구를 비추는 인공적인 조명이라고 주장하는 사람도 있고요. 남극은 원판 바깥쪽을 빙 둘러싼 얼음 장벽이라고 하죠. 지구의 중력은 납작한 쟁반 모양의 지구가 빠르게 우주 공간에서 상승하고 있어서 발생한다고 말합니다. 이는 관성의 법칙으로 중력을 설명하는 건데, 딱 자신의 주장에 맞는 물리학 이론만 취사선택해서 사용하는 확증편향을 보여줍니다.

이런 사람들을 설득하는 것은 굉장히 어렵습니다. 지구가 구형이라는 올바른 데이터를 제시해도 이상하다거나 잘못됐다며 다시 실험을 해봐야 한다고 하죠. 사실 우리가 한발 물러서서 생각해본다면 지금까지 우주에 갔던 우주인들 빼고는 지구가 둥글다는 것을 직접 눈으로 본 사람은 없잖아요. NASA가 찍어주는 사진만 볼 수 있으니까 그런 음모론이 생겨난 것 같은데요. 굳이 지구를 벗어나지 않아도 지구의 곡률을 간접적으로 확인하는 방법은 많거든요. 그런데도 그런 황당한 믿음을 버리지 못하고 심지어 다른 많은 사람에게 전파하려는 행태를 보면 저는 화가 난다기보다 좀 안타깝습니다. 이런 주장을 하는 이들의 내면을 살펴보면 과학에 대한, 그리고 기성 과학자들에 대한 불신이나 증오, 또는 혐오 같은 감정이 느껴지거든요. 그런 잘못된 믿음을 갖는 이유가 단순히 무지나 확실한 증거를 찾지 못해서라기보다는 현존하는 세계관에 대한 반항심 같은 거죠. 이런 감정이 밑바탕에 깔려 있어서 건전한 토론이나 과학적인 증거 제시로도 쉽게 설득할 수 없는 것 같습니다.

지구가 둥글지 않다고?

관상은 정말 과학일까?

관상이란 게 눈코입의 위치나 모양 그리고 얼굴의 형태를 살펴서 사람의 성격이나 운명을 판단하는 거잖아요. 우리 조상들이 오랜 기간 경험한 사실들이 모여서 관상학이 된 거니까 단순히 가짜 과학이라고 무시할 수는 없지 않을까요?

저는 관상으로 사람을 판단하는 건 굉장히 조심해야 할 일이라고 생각합니다. 얼굴의 생김새로 누군가를 평가하는 일은 마치 사람을 피부색으로 차별하는 것과 크게 논리가 다르지 않거든요. 이런 가짜 과학이 비판받지 않고 사회에서 힘을 얻게 되면, 과거에 인류를 공포에 떨게 했던 골상학이나 우생학 eugenics 같은 위험한 주장이 다시 고개를 들 가능성도 있습니다.

우생학이란 인간을 유전적으로 더 나은 종으로 개량하겠다는 목적을 가졌는데, 과학이라고 이름을 붙이기에는 인류에게 너무 큰 해악을 끼쳤습니다. 과거 한때 서구의 여러 나라는 사회에 도움이 안 된다는 이유로 범죄자나 빈곤층, 그리고 정신병을 앓고 있는 사람을 데려다가 강제로 거세했으며, 히틀러의 독일 나치 정권은 유대인과 장애인을 마구 학살했죠. 관상으로 사람을 평가하고 차별하는 행위도 본질에서는 이러한 위험 요소를 품고 있다고 볼 수 있습니다.

사람이 살아오면서 어떤 경험을 했는지에 따라, 예를 들어 햇볕이 내리쬐는 곳에서 일하는 사람과 온종일 건물 안 사무실에서 일하는 사람의 피부색이 다른 건 당연하겠죠. 그런데 그 차이로 직업을 짐작하는 걸 넘어서 성격이 어떻다거나, 운명이나 미래가 어떨 거라고 이야기하는 것은 아무런 근거가 없는 완전히 가짜 과학입니다.

간혹 사회자의 질문처럼 과거 오랜 역사 속에서 누적된 인간의 경험을 토대로 이렇게 생긴 사람은 일찍 죽었고, 또 이렇게 생긴 사람은 갑자기 사고를 당하는 경우가 많다는 등 통계적 근거에 따른 지혜가 관상학이라고 잘못된 믿음을 가진 사람들이 실제로 많은 것 같은데요. 이는 터무니없는 생각입니다. 통계학이 그리 만만한 학문이 아니니까요. 과거 어떤 기록을 살펴봐도 정확한 표본 추출과 체계적인 분석을 통해 관상학이 이루어졌다는 내용은 없습니다. 사람 얼굴의 눈 사이 거리나 코 높이가 정확히 몇 센티미터인지 등을 구분해 평가하지도 않았고, 설령 그렇게 해서 결론을 내렸다 한들 이는 인과관계의 오류일 수밖에 없습니다. 마치 돼지 꿈을 꾸면 횡재수가 있다는 논리와 다를 바가 없죠. 이를 논리학에서는 거짓 원인의 오류라고 부릅니다.

이해를 돕기 위해 이렇게 비유해보겠습니다. 모든 사람이 내일 주식이 오를지 내릴지를 알고 싶어 합니다. 그래서 현재 전 세계에서 일어나는 모든 현상을 기록한 그래프 수억 개를 우리나라 코스피 주가지수 그래프와 비교해봤더니 우연히도 베트남 하노이의 바퀴벌레 개체 수 증감 그래프와 90% 이상의 일치율을 보였다고 가정해보죠. 그렇다면 베트남 바퀴벌레 개체 수를 기준 삼아 내 소중한 돈으로 주식투자를 할 수 있을까요. 합리적인 판단을 하는 사람이라면 누구도 그런 짓을 하지는 않을 겁니다.

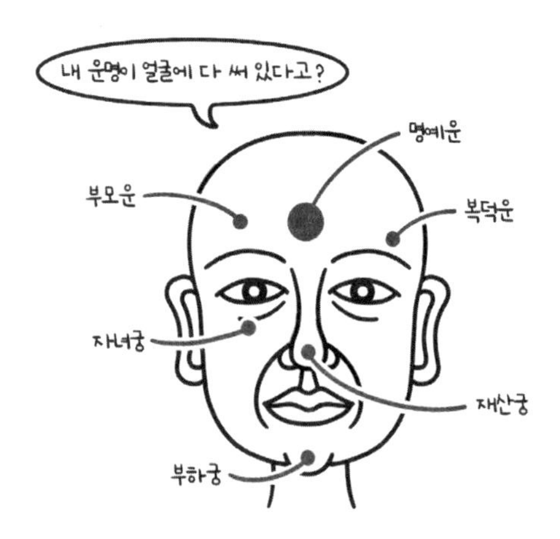

인상은 관상과 구분해야 합니다. 실제 우리에게 호감을 주는 얼굴형이 있는 건 사실이죠. 또 성적 매력을 느끼게 하는 표준적인 얼굴 형태도 생각해볼 수 있겠죠. 하지만 관상은 그런 호감이나 느낌 수준을 훨씬 넘어서서 알 수 없는 운명이나 미래를 예측하는 거잖아요. 성적 매력이 있는 얼굴을 가진 사람에게 그저 '아름답다'라거나 '예쁘다'라고 표현하면 충분하지, "바람을 피울 관상이다"라고 이야기하는 건 부당한 평가이자 전혀 과학적인 태도가 아니죠.

관상 같은 가짜 과학의 영향력을 과소평가하는 사람들이 많은데요. 어린 자녀에게 "너는 이런 얼굴이니까 이런 직업이 어울릴 거야"라는 식의 이야기를 반복적으로 하다 보면 아이의 내면에 정말 터무니없는 잠재의식이 형성될 수도 있거든요. 제가 신장이 그렇게 크지는 않은데요. 만약 어렸을 때부터 "키가 큰 사람만이 큰 회사의 대표가 될 수 있어"라는 이야기를 반복해서 들었다면 창업해서 기업가가 되겠다는 욕구 자체가 사라질 겁니다. 요즘 무차별적으로 유행하는 MBTI 성격 분석 역시 같은 위험성을 내포하고 있습니다. 많은 심리학자가 MBTI 분석은 사람의 복잡하고 다면적인 성격을 지나치게 단순화하는 한계가 있다고 지적하거든요.

모든 것이 고장 난다는 파울리 효과

과학자들이 지키는 미신도 있을 것 같아요. 꼭 미신이라기보다는 학계에서 이어지는 전통 같은 것이 있잖아요. 과학자도 사람이니까 무언가 자기들만 지키는 금기 사항이나 징크스 또는 재미있는 속설 같은 게 분명 있을 것 같은데, 뭔가 떠오르는 게 있나요?

1945년에 노벨물리학상을 받았던 볼프강 파울리Wolfgang Pauli라는 물리학자와 관련된 재미있는 이야기가 생각나네요. 그는 위대한 업적을 남긴 물리학자였지만 동료 학자들은 그가 자신들의 실험실에 찾아오는 것을 달가워하지 않았다고 합니다. 파울리가 나타나기만 하면 잘 진행되던 연구에 문제가 생기고, 심지어 멀쩡하던 실험 장비들이 고장이 나 잘못된 측정값을 내놓았다고 하죠. 아예 실험실 문에 '파울리는 출입금지'라고 써 붙여놓은 동료들도 있었다고 합니다. 실제 파울리는 실험 장비를 다루는 데 서툴렀다고 합니다. 거침없는 성격도 한몫했겠지만 원래 전공과목이 실험과는 거리가 있는 이론물리학자였던 탓도 있었겠지요.

실제로 있었던 일인지는 모르겠으나, 자꾸 파울리 때문에 골탕을 먹던 동료 학자들이 문틀 위에 물을 가득 담은 양동이를 올려놓고 문을 열자마자 쏟아지도록 장치를 설치하고 그를 불러 복수하려고 했다고 합니다. 그런데 파울리는 문을 열고 들어와서 멀쩡하게 자신을 왜 불렀냐며 특유의 신랄한 말투로 되물었다고 해요. 동료들이 어떻게 된 건지 살펴보니 그가 나타나자 심지어 물 양동이가 쏟아지게 만든 장치마저 고장이 나서 작동하지 않았다고 하죠.

더 재미있는 에피소드는 1700년대 설립되어 수많은 노벨상 수상자를 배출한 독일의 명문 괴팅겐대학과 관련이 있습니다. 파울리의 동료 물리학자들이 괴팅겐대학에서 고가의 실험 장비를 이용해 실험하던 중 아무런 이유도 없이 갑자기 고장이 난 거죠. 그래서 자기들끼리 이런 농담을 했답니다. "아니 파울리도 여기 오지 않았는데 왜 이런 일이 발생했지?" 하며 불평을 늘어놓았는데, 나중에 확인해보니까 파울리가 스위스 취리히에서 덴마크 코펜하겐으로 가던 도중에 그 실험 장비가 고장이 났던 바로 그 시간에 독일 괴팅겐 역에 잠시 머물렀던 사실이 밝혀졌습니다. 그 이후부터 물리학자들은 실험이 잘 안 되거나 장비가 말썽을 일으키면 '파울리 효과'라는 말로 재미있는 변명을 한다고 해요. 핵폭탄을 개발했던 맨해튼 프로젝트에 당대의 위대했던 물리학자 파울리가 제외된 이유가 혹시 파울리 효과로 핵폭탄이 실험 과정에서 폭발하면 어떡하나 하는 우려 때문이었다는 이야기도 있습니다.

하지만 볼프강 파울리는 이런 우스갯소리로만 기억할 그런 학자가 절대 아닙니다. 그는 전자의 배타排他 원리를 발견하여 우주에 존재하는 모든 물질의 근본적 구성원리를 밝힌 위대한 물리학자이죠. 이론적인 계산만으로 중성미자라는 미지의 입자가 존재해야 한다고 주장하기도 했는데, 결국 한참 시간이 지난 뒤에 중성미자가 실제로 발견됐죠.

우주의 모든 물질을 구성하는 기본 입자는 2가지로 분류할 수 있습니다. 바로 페르미온과 보손이죠. 페르미온은 파울리의 배타 원리에 지배를 받는 입자이고 보손은 그렇지 않은 입자인데요. 파울리의 배타 원리란 완전히 같은 양자 상태에는 전자가 딱 하나만 존재할 수 있다는 건데, 쉽게 비유하자면 똑같은 성질을 가진 전자들은 서로 배타적이어서 동일한 상태에 존재할 수 없고 결국 서로 상대를 밀어내는 것처럼 보이게 됩니다. 사실 책상 위에 펜을 올려놓아도 책상을 통과해서 떨어지지 않는 이유도 가장 근본적인 수준에서는 각 물체를 이루고 있는 전자들이 파울리의 배타 원리를 따르기 때문입니다. 반대로 보손은 수많은 입자가 같은 상태에 함께 존재할 수 있어요. 빛알도 보손이어서 같은 성질을 가진 많은 빛알이 똑같은 상태에 수없이 중첩될 수 있고, 레이저의 강한 빛이 만들어질 수 있는 원리가 되는 거죠.

우리는 두뇌를 얼마나 사용하고 있을까?

예전부터 이런 말이 있습니다. 우리는 두뇌의 잠재력을 20%밖에 사용하지 않으며, 만약 100% 사용하면 누구나 아인슈타인이 될 수 있다고요. 그래서 열심히 공부했는데도 원하는 성적이 안 나오면 결국 자책하게 되지요. 내가 두뇌 능력을 100% 온전히 다 발휘할 만큼 노력하지 않았구나 하고요. 다른 사람들은 잘 모르겠지만, 실제로 저는 이런 생각으로 괴로워한 적이 있습니다.

결론부터 말씀드리면, 인간은 자신의 뇌를 100% 사용하고 있습니다. 사람의 뇌는 대략 1.4㎏입니다. 우리 손바닥 위에 올려놓을 수 있을 정도로 그렇게 크지 않죠. 전체 몸무게에서 차지하는 비중은 2% 안팎에 불과합니다. 주목할 점은 이렇게 작은 신체 기관인데도 우리 전체 몸이 소비하는 에너지의 25%를 독차지한다는 사실입니다. 그래서 학자들이 비유적으로 인간의 뇌에 '에너지 먹보'라는 별명을 붙일 정도입니다. 그러니까 에너지 효율성 측면에서 인간의 뇌는 유지하는 데 엄청나게 큰 비용이 들어가는 값비싼 장치인 셈이죠. 대개 동물의 진화는 에너지 효율을 높이는 방향으로 이루어지는 만큼, 비싼 장치를 만들어놓고 온전히 사용하지 않을 리가 만무하겠죠?

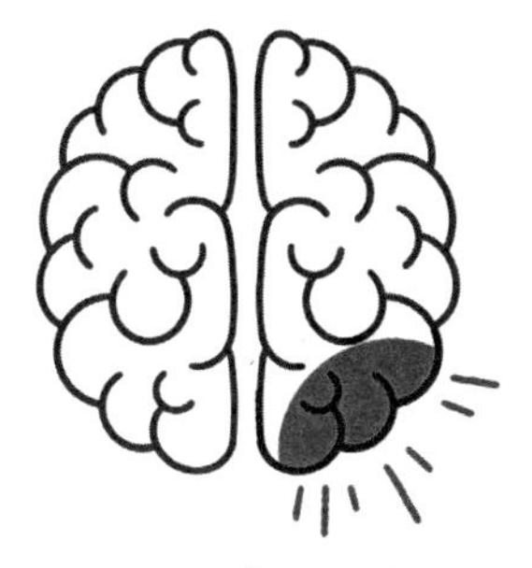

인간은 두뇌 10%만 사용? 참일까, 거짓일까?

흥미로운 사례가 있는데요. 바다 생물 중 멍게는 유충 단계에서는 자유롭게 헤엄쳐 다니면서 생존 조건이 좋은 정착할 곳을 찾습니다. 그러다가 한곳에 자리 잡고 평생을 보내는데요. 유충 단계에서 멍게는 뇌가 있습니다. 그런데 바위 같은 곳에 딱 달라붙은 다음에는 스스로 뇌를 양분으로 소비해서 없애버립니다. 더는 이리저리 옮겨 다니는 운동을 하지 않아도 되니까 엄청나게 에너지를 소비하는 기관을 유지하는 것이 생존에 도움이 되지 않기 때문이죠. 인간 역시 에너지 소비가 많은 두뇌를 오랜 진화의 과정에서 유지하면서도 그 능력의 절반만 사용할 리는 없죠. 우리는 모두 각자의 뇌를 100% 완전 가동 중입니다.

그렇다면 무슨 차이로 누군가는 똑똑해서 노벨상을 받는데, 누군가는 고등학교 학습 과정마저 따라가기 힘들어하는 걸까요? 어떤 사람이 얼마나 똑똑한지를 측정하는 건 사실 쉽지 않습니다. 그나마 아인슈타인 같은 천재들의 뇌가 정보를 어떻게 처리하는지에 관한 미시적 이해는 어느 정도 이루어져 있습니다. 그런 천재들의 뇌가 남달리 크고 무겁거나 에너지를 특히 많이 소비한다거나 하는 내용은 아니고요. 인간의 두뇌는 대략 1,000억 개 정도 되는 뉴런, 즉 신경세포로 이루어집니다. 그리고 각 신경세포를 연결하는 역할을 하는 시냅스 구조는 100조 개가 넘는다고 하죠. 똑똑한 사람들은 이 시냅스 구조, 그러니까 일종의 두뇌 내부 배선에 독특한 면이 있을 거로 짐작해볼 수 있습니다.

언뜻 생각하면 사람이 머리를 많이 쓰면 뇌가 에너지를 더 많이 소비할 것 같은데요. 사실 그렇게 큰 차이가 나지는 않습니다. 우리가 아무런 생각을 하지 않을 때도 뇌는 엄청난 에너지를 소비합니다. 이유가 있는데요. 우리 뇌의 신경세포는 안과 밖에 전압의 차이가 존재합니다. 내부는 마이너스 상태이고, 외부는 플러스 상태를 유지하죠. 그냥 아무런 노력 없이 이런 상태를 유지할 수 있는 건 아니고요. 안쪽이 전압이 낮고 바깥이 전압이 높아서 밖에 있는 플러스 전하는 신경세포 안으로 계속 들어오고, 안에 있던 마이너스 전하는 밖으로 나가려 합니다. 결국 우리 뇌의 신경세포가 아무런 일도 하지 않고 있다면 안과 밖의 전압 차이가 0이 될 때까지 전하들이 계속 이동하게 됩니다. 이런 자연적인 힘의 방향이 있는데도 신경세포가 안팎의 전압 차이를 유지할 수 있는 이유는 당연히 끊임없이 안으로 밀려 들어오는 플러스 전하를 다시 밖으로 퍼내기 때문입니다. 이 과정에서 엄청나게 에너지를 소비합니다.

신경세포가 정보를 처리할 때는 이렇게 안쪽을 마이너스의 전압으로 유지하다가 짧은 순간 플러스 전압을 가진 펄스를 만들어냅니다. 그런데 이런 전압의 펄스를 만들어내며 정보를 처리하고 있지 않을 때도, 우리 뇌는 각각의 신경세포 안쪽 전압을 마이너스로 유지하기 위해서 많은 에너지를 쓰고 있는 거죠.

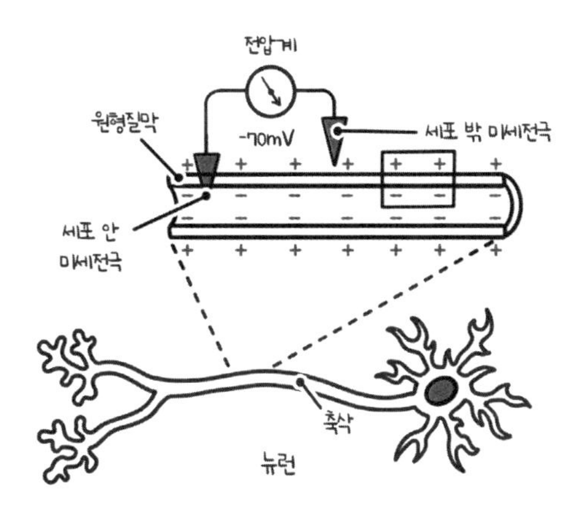

귀신 때문에 가위에 눌리는 걸까?

혹시 가위눌린 경험이 있나요? 저는 소파에 누워 있다가 가위눌린 적이 있는데, 하필 그때 TV가 켜져 있었습니다. 제가 분명 TV를 보고 있는데 몸이 움직여지지 않는 거예요. 손을 들어 올릴 수도 고개를 돌릴 수도 없었는데, 누군가가 화장실에서 나와서 제 옆 소파에 앉는 겁니다. 집에 분명 혼자 있었는데 말이죠. 그런 상태에서 한참을 발버둥 치다가 가까스로 깨어났어요. 분명 옆자리에 누군가가 앉아 있었는데 아무도 없더라고요. 그런데 소름 끼치는 건 제가 가위눌렸을 때 본 TV 프로그램 내용은 사실 그대로더라고요. 그때부터 저는 귀신이 실제로 있는 건 아닐까 생각합니다.

가위눌림과 귀신은 전혀 관계가 없습니다. 아무런 상관이 없죠. 가위에 눌렸을 때 우리가 겪는 경험은 꿈을

꿀 때 우리 뇌에서 일어나는 현상과 아주 비슷합니다. 현대 뇌과학 연구를 통해 밝혀진 여러 사실을 살펴보면 알 수 있습니다.

우리가 무언가를 눈으로 보면 안구를 통해 들어온 시각 정보가 뒤통수 쪽에 있는 시각중추로 전달됩니다. 다시 이 정보는 시각중추에서 뇌의 여러 다른 부위로 전달됩니다. 그런데 흥미로운 건 시각중추로 들어온 정보의 양보다 뇌의 다른 부위로 전파되는 정보의 양이 더 많다는 겁니다. 시각중추로 들어오는 정보보다 나가는 정보가 더 많다는 건 무슨 의미일까요? 인간은 객관적으로 보이는 것보다 주관적으로 더 많은 것을 보는 존재라는 거죠. 인간의 뇌는 안구를 통해 들어오는 시각 정보의 양이 부족하더라도 다양한 방식으로 처리해서 더 많은 의미를 생산해낸다는 걸 알 수 있습니다.

인간이 잠잘 때는 눈을 감고 있으니까 안구를 통해 들어오는 시각 정보가 없잖아요. 흥미로운 건 잠을 잘 때 오히려 시각중추가 엄청나게 활성화한다는 사실입니다. 인간의 수면은 렘REM, Rapid Eye Movement수면과 비렘수면NREM, Non-REM으로 크게 나눌 수 있는데요. 렘수면 상태에서는 이렇게 시각중추가 활성화되고 근육은 완전히 이완되며 안구가 빠르게 운동을 합니다. 그리고 이때 인간은 꿈을 꿉니다. 그래서 우리는 대부분 꿈이 시각적인 내용이라는 걸 알 수 있습니다. 반대로 대뇌피질의 전두엽 부분은 깨어 있을 때보다 활성도가 줄어듭니다. 전두엽은 이성적인 판단을 할 때 관여하는 부위인데요. 꿈을 꿀 때 인간의 뇌는 깨어 있을 때만큼 이성적인 판단을 하지 못하는 거죠. 우리 꿈이 왜 그렇게 비현실적인 내용으로 가득한지 그 이유를 알 수 있는 대목입니다.

꿈을 꿀 때 뇌에서 근육으로 전달되는 운동 신경의 경로가 완전히 차단됩니다. 온몸의 근육이 완전히 이완되는 이유인데요. 꿈을 꿀 때는 안전을 위해 반드시 요구되는 작용이죠. 예를 들어 곰을 활로 사냥하는 꿈을 꾸면서 운동 신경 경로가 차단되지 않으면 실제로 잠을 자다가 벌떡 일어나서 활을 들고 설칠 수도 있으니까요. 실제로 렘수면 시기에 운동 신경 경로가 차단되지 않아 꿈속 행동을 그대로 재현하는 특발성렘수면행동장애 환자들이 있습니다. 때로는 정말 끔찍한 결과로 이어지기도 하죠.

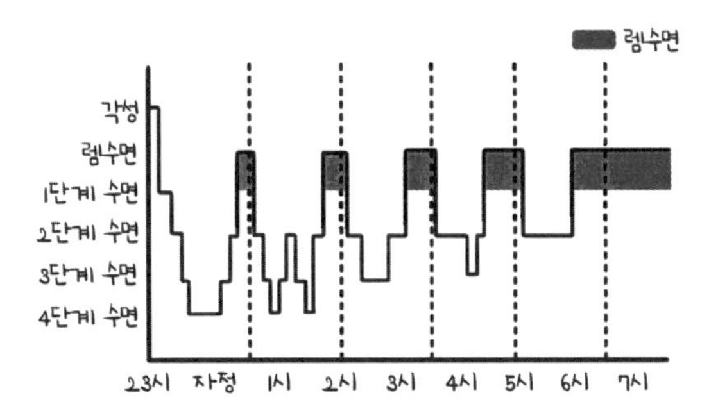

논렘수면과 렘수면이 90분 주기로
반복되는 수면 주기를 보여주는 수면곡선그래프

위의 사실들을 고려하면 우리가 가위에 눌렸을 때 왜 그런 경험을 하는지를 정확하게 설명할 수 있습니다. 먼저 무언가가 나를 꼭 붙잡고 있어서 몸을 꼼짝할 수 없다고 느끼는 건 운동 신경 경로가 차단되기 때문이죠. 또 이상한 존재가 나를 괴롭히는 경험을 하잖아요. 그건 이성적 판단을 하는 전두엽의 활성도가 줄어든 영향 때문입니다.

가위눌림을 의학적으로는 수면마비sleep paralysis라고 부릅니다. 우리가 잠에서 깨어날 때는 렘수면에서 비렘수면 단계로 옮겨 갔다가 깨어나는 과정을 밟습니다. 그런데 스트레스가 심하거나 음주, 약물의 영향 또는 신체적·정신적 질환 등 여러 원인으로 렘수면 단계에서 곧바로 각성될 때 정신은 반쯤 깨어났으나 몸이 움직이지 않는 가위눌림 증상을 겪습니다.

죽기 직전에 나타난다는 증상은 사실일까?

오래전 고등학생 시절 친구들과 지리산 등반을 갔는데요. 짐을 나눠 들 때 저는 꾀를 부려 부피는 크고 무게는 가벼운 이불 배낭을 먼저 차지해서 짊어졌습니다. 그런데 칠선계곡 아래 여울에서 배낭을 멘 채 세수를 하려다가 발이 미끄러져 물에 빠지고 말았는데 발을 뻗어도 바닥에 닿지 않는 거예요. 그리고 등에 멘 배낭 속 이불이 물에 젖어 점차 무거워지는 게 느껴지더라고요. 여기서 꼼짝없이 죽는구나 생각하는 순간, 길지 않았던 제 인생의 모든 경험이 머릿속에서 마치 슬로비디오처럼 스쳐 지나가는 경험을 했습니다. 어떻게든 살아나오기는 했는데요. 위급한 순간에 의도하지도 않았는데 그런 정신 작용이 이루어졌다는 게 신기해서 아직 기억에 남아 있습니다. 나중에 보니까 저뿐만 아니라 그런 경험을 한 사람이 꽤 있더라고요. 이게 과학적으로 확인된 사실인지, 만약 그렇다면 이유는 뭘까요?

실제로 죽음의 위기를 넘긴 많은 사람이 지나온 인생이 주마등처럼 머릿속에 스쳐 지나가는 경험을 했다고 증언하는 건 사실입니다. 2022년 《노화 신경과학 프론티어스 Frontiers in Aging Neuroscience》라는 국제 학술지에 관련 논문이 게재된 적도 있습니다. 87세 환자의 뇌파가 사망하기 직전과 직후에 변화한 패턴을 분석한 내용이었는데요. 사실 이렇게 죽음 직전과 직후의 뇌파 변화를 분석할 수 있었던 건 우연의 결과였습니다.

87세 노인이 낙상으로 뇌출혈을 일으켜 입원했는데, 간질 발작 증세가 보여 뇌파를 기록하기 시작한 거죠. 그런데 도중에 환자가 심장마비로 사망하게 되었습니다. 연구진은 이 환자의 뇌파 기록 중 심장 박동이 멈추기 전후 어떤 변화가 발생했는지를 분석했는데요. 사람이 꿈을 꾸거나 과거의 기억을 떠올릴 때와 같은 뇌파 패턴인 감마파가 극적으로 활성화되어 심장 박동이 멈춘 30초 뒤까지 지속된 사실을 발견했습니다. 다만 연구진은 한 번의 연구 결과로 성급한 일반화를 할 수는 없다고 단서를 달기는 했습니다.

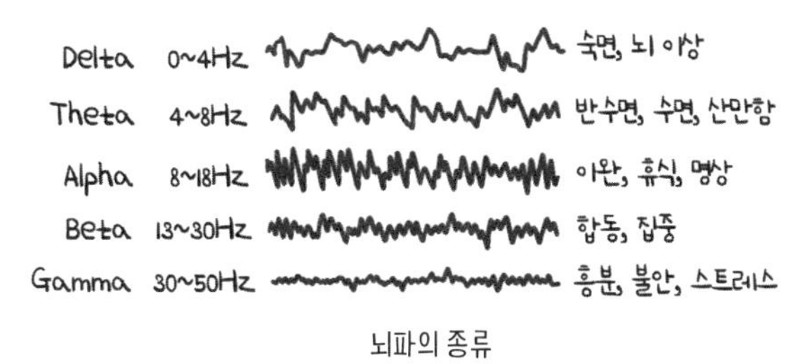

뇌파의 종류

사람이 굉장히 위험한 상황에 처하면 주마등처럼 과거의 기억을 탐색하고 시간 또한 천천히 흐르는 느낌을 받죠. 이런 현상을 설명하기 위해 뇌과학자들이 내놓은 몇 가지 이론이 있긴 합니다. 그중에 첫 번째는 위험한 상황을 해결하기 위해 뇌가 엄청나게 빠른 속도로 정보를 처리한다는 가정이죠. 뇌의 정보 처리 능력을 키워서 좀 더 이성적인 판단을 내릴 수 있게 한다는 겁니다. 이를 증명하려는 실험이 꽤 재미있는데요. 실험 참가자를 번지점프 시키면서 어려운 곱셈을 하게 합니다. 만약 위급한 상황에서 뇌가 정말 빠른 속도로 정보를 처리한다면 평소에는 어려운 계산이더라도 할 수 있어야 하잖아요. 그런데 실험 결과는 그렇지 않았습니다. 평소와 차이가 없거나 오히려 더 성적이 떨어졌죠. 그래서 첫 번째 이론은 실패라는 것이 요즘 학자들의 일반적 견해입니다.

다음으로 생각해볼 수 있는 가정은 이런 것이 있습니다. 우리가 처음 방문한 여행지에 가서 주말을 보낸다고 해보죠. 아주 새롭고 흥미로운 놀거리와 볼거리가 아주 많은 곳입니다. 인생에서 단 한 번도 해보지 못한 여러 경험을 했습니다. 여행을 마치고 돌아와 회상해보면 집에서 평범하게 보낸 주말과는 시간의 길이가 확연히 다르게 느껴질 겁니다. 그 이유는 우리 뇌가 경험의 양으로 시간의 길이를 측정하기 때문입니다. 과거와는 다른 새로운 경험을 많이 할수록 시간이 길게 느껴지죠. 위기 상황에서 우리는 빠른 속도로 주변의 위험 요소를 파악하고 자신의 경험을 총동원해서 해결책을 찾으려고 합니다. 그러면 뇌가 처리해야 하는 정보의 양이 늘어나니까 시간 역시 길게 늘어지는 것 같은 경험을 한다고 보는 거죠.

한 가지 가설이 더 있는데요. 우리의 뇌는 외부 정보를 처리할 때 시간의 흐름과 관계된 정보와 그 밖의 다른 정보를 함께 처리하는데, 생명이 위급할 정도의 상황에서는 위기를 벗어나기 위해 과거의 많은 기억을 떠올려 현재 상황에 대입하느라 시간의 흐름과 관계된 정보 처리는 우선순위에서 밀려나서 그런 현상이 나타난다는 거죠.

세상에 존재하는 신기한 물질

세상에는 참 많은 물질이 존재하는데요. 인간의 생활을 편리하게 해준 것들도 있고 생명에 해를 끼치는 위험한 것들도 있고 엄청 값비싼 것들도 있는 것 같더라고요. 우리가 잘 모르는 신기한 물질에 대해 알고 싶습니다.

현대 사람들의 삶을 가장 근본적으로 바꾼 신물질로는 물리학자의 입장에서 반도체를 빼놓을 수 없는데요. 반도체가 없었다면 이제는 생활필수품이 된 컴퓨터나 스마트폰이 존재할 수 없을뿐더러, 지구촌을 하나로 만든 통신 혁명 자체도 일어날 수 없었겠죠. 그리고 요즘 조명 장치에 주로 이용되는 LED도 중요한 물질이라고 할 수 있겠네요. 과거에는 백열전구를 사용했는데요. 사실 조명 장치라기보다는 난방 장치에 더 가깝죠. 투입되는 전기에너지의 상당한 부분을 빛의 형태로 발산하는 것이 아니라 대개는 뜨거운 열로 소비해서 굉장히 효율이 낮았죠. 실제로 LED는 손으로 만져보면 뜨겁지 않습니다.

물리학자에게는 자석도 정말 놀라운 물질입니다. 세상의 모든 발전소는 사실 자석으로 전기를 만듭니다. 수력발전소든 원자력발전소든 석탄발전소든 결국은 자석 안에서 코일을 회전시켜 전기를 만들어내거든요. 우리가 지구로 쏟아지는 우주의 치명적인 방사선에도 불구하고 안전하게 살 수 있는 이유도 지구가 거대한 자석이기 때문이죠.

지구는 거대한 자석!

자연에 존재하는 굉장히 강한 물질로 널리 알려진 것이 다이아몬드죠. 그래서 망치로 내려치더라도 부서지지 않을 거로 생각하지만, 그렇지 않습니다. 사실 다이아몬드 같은 광물이 얼마나 단단한지를 나타내는 단위를 경도硬度라고 하는데, 경도가 높다는 것은 외부 충격에 잘 부서지지 않는다가 아니라 표면이 딱딱해서 무언가로 긁어도 잘 흠집이 나지 않는다는 의미입니다. 과학 실험을 한답시고 엄마의 다이아몬드 반지를 망치로 내리쳤다가는 큰일 나는 거죠. 쇠못으로 긁어보는 건 아마 괜찮을 겁니다. 어쨌든 다이아몬드는 경도가 10으로 자연계에 존재하는 물질 가운데 가장 높으니까요. 그래서 다이아몬드를 가공할 때는 다른 다이아몬드를 이용해야 합니다. 요즘은 레이저를 이용하기도 하는데요. 그러고 보니 엄마의 다이아몬드를 불 속에 집어넣는 것 역시 안 되겠네요. 신기하게도 다이아몬드는 시커먼 석탄이나 흑연과 같이 탄소로만 이루어져 있어서 충분히 오래 태우면 완전히 연소해 사라질 수도 있거든요.

완전히 태우면 이산화탄소와 물로
연소하는 다이아몬드

우리가 흔히 사용하는 순간접착제에는 시아노아크릴레이트cyanoacrylate라는 신기한 물질이 들어 있습니다. 순간접착제로 무언가를 실제로 붙여보면 알 수 있는데요, 딱풀이나 물풀과는 접착하는 원리가 다릅니다. 보통의 풀은 접착제 내부의 수분이 증발하면서 양쪽의 물건이 붙는데요. 시아노아크릴레이트는 흥미롭게도 수분을 흡수하면서 강한 접착력을 발휘합니다. 상온에서 액체 상태로 있다가 공기 중의 수분과 접촉하면 중합 반응이 일어나면서 고체 상태의 고분자 화합물이 되죠. 그래서 순간접착제는 수분에 노출되는 면이 많도록 얇게 펴 바를수록 더 잘 붙습니다. 우리 눈에는 매끄러워 보이는 물체더라도 분자 단위에서는 표면이 울퉁불퉁한데 이 틈새로 시아노아크릴레이트가 스며들어 단단하게 굳으면서 양쪽의 물체를 강하게 접착시키는 거죠. 조심해야 할 점은 손가락에 닿거나 하면 피부 표면의 수분 때문에 곧바로 굳어서 잘 벗겨지지도 않고 서로 달라붙으면 잘 떼어지지도 않습니다. 실제로 2차 세계대전 때는 병사들의 상처를 응급처치로 봉합할 때 이 순간접착제를 사용했다고 합니다.

처음에는 안전하고 편리하다고 생각했는데 시간이 지나면서 위험성을 깨닫게 된 물질도 있습니다. 대표적으로 에어컨이나 냉장고에 사용하던 냉매인 프레온 가스입니다. 액체 상태의 프레온 가스는 기화하면서 주변의 열을 빼앗아 온도를 낮추거든요. 그래서 대부분 국가에서 아무런 제한 없이 엄청난 양을 사용했는데

나중에 대기권의 오존층을 파괴한다는 사실이 밝혀졌죠. 오존층은 태양의 해로운 자외선을 차단하는 역할을 하는데 프레온 가스는 오존을 산소로 바꿔버리거든요. 현재는 국제 협약을 체결해 프레온 가스의 사용을 금지하고 있습니다. 이런 모두의 노력이 모여서 현재 지구의 오존층 파괴 문제가 많이 해결되었다는 기쁜 소식도 있습니다.

과거에 살충제로 많이 사용했던 DDT라는 물질도 마찬가지인데요. 벼룩이나 빈대 같은 해충을 박멸하는 효과가 무척 뛰어나서 이를 발명한 화학자 파울 헤르만 뮐러Paul Hermann Muller는 그 공로로 노벨상을 받을 정도였습니다. 하지만 건강에 커다란 위협이 될 수 있다는 사실이 밝혀지면서 사용이 금지됐죠. 미군이 베트남 전쟁에서 사용했던 고엽제도 같은 역사를 가진 물질입니다. 인체에는 큰 피해를 주지 않고 나뭇잎만 말려서 떨어트리는 화학물질이라고 생각했는데, 이에 노출된 많은 병사가 전쟁이 끝난 뒤에도 오랜 기간 여러 질환으로 힘들어하거나 사망했죠.

구독자들의 이런저런 궁금증 4

question 1

전자보다는 원자가 크고, 원자보다는 분자가 크고, 분자가 몇 개 모이면 그때부터 물질이 되는 건가요? 그렇다면 어디까지가 양자역학을 따르는 미시 세계이고, 어디부터가 고전역학을 따르는 거시 세계인가요? 궁금합니다!
-@kyoto98

양성자와 중성자가 모여 원자핵을 구성하고 둘레에 양성자의 숫자와 같은 수의 전자가 있는 것이 원자입니다. 이들 원자는 모여서 분자를 이루고, 분자들이 모여서 세상 모든 물질을 만들어냅니다. 전자와 원자핵부터 분자까지는 모두 양자역학이 지배하는 미시적인 세상입니다. 한편 이들 원자와 분자들이 많이 모이면 고전역학을 따르는 거시 세계가 되죠. 미시와 거시를 명확히 나누는 개수의 기준은 사실 없습니다. 물리학자들은 양자역학을 따르는 입자들이 보여주는 결맞음(coherence) 상태는 미시적인 세계에서는 유지되지만 입자의 수가 많아지면 결맞음이 깨지게 된다고 생각해요. 결맞음이 깨진 상태는 이제 고전역학이 성립하는 세상이 됩니다. 입자의 숫자가 많고 적음이 아니라 결맞음이 깨지는지가 양자역학과 고전역학을 나누는 기준이라고 할 수 있습니다.

question
2

달리는 기차 객실 안에서 드론을 띄우면 기차 속도만큼 앞으로 날려 보내지 않아도 공중의 한곳에 떠 있나요? 만약 같은 객실 창문 바깥으로 드론이 계속 보이게 하려면 기차와 같은 속도로 앞으로 날려 보내야 할 것 같은데….
-@hfclass27

달리는 기차 안의 공기도 기차와 같은 속도로 앞으로 움직이고 있습니다. 드론은 객실 안 공기에 대해서 상대적으로 움직일 뿐이죠. 기차 안에 가만히 떠 있는 드론은 밖에서 보면 기차, 그리고 그 안의 공기와 함께 앞으로 움직이지만, 기차 안에 탄 사람의 눈에는 정지해 있는 것처럼 보입니다. 드론이든 비행기든 배든, 유체 안에서 움직이는 모든 물체는 자신이 있는 위치에서의 유체에 대해 상대적으로만 움직입니다. 지구가 자전해도 우리가 얼굴에 맞바람을 느끼지 않는 것도 정확히 같은 이유입니다. 대기도 지구와 함께 같은 속도로 자전하고 있기 때문입니다.

기체를 압축하면 물이 되는데, 물을 압축하면 어떻게 되나요? 만약 무한대로 압축한다면 어떤 현상이 발생할까요?
-@likuihan

온도를 일정하게 유지하면서 물을 압축하면 물 분자 사이의 거리가 줄어들다가 결국 더 이상 줄어들 수 없는 거리에 도달하고, 이때 물 분자들은 규칙적으로 정렬되어 고체인 얼음이 됩니다. 계속 압축

하면 결국 입자들 사이의 전기력을 극복해서 양성자와 전자가 합해져 중성자가 됩니다. 중성자별이 만들어지는 원리죠. 중성자 덩어리가 된 다음에도 계속 압축을 이어가면 중성자를 유지하는 강한 핵력도 이기게 됩니다. 결국 액체인 물을 끊임없이 무한하게 압축할 수만 있다면, 아주 작은 블랙홀이 되겠네요. 그렇게 만들기 위해서는 압력이 굉장히 커야 하므로 현실의 실험에서 구현할 수는 없겠지만요.

question
4

운동 속도가 빠를수록, 중력이 클수록 시간은 느리게 흐른다고 하는데요. 빅뱅 이후 지구에서는 138억 년이 흘렀지만 우주에는 이제 1억 년 된 곳도 있고 200억 년 된 곳도 존재한다는 말인가요? 과거, 현재, 미래가 우주 곳곳에 혼재한다는 말일까요? 잘 이해되지 않습니다.

-@young123

중력의 영향만을 받아서 움직이는 물체가 스스로 측정한 시간은 빨라지지도 느려지지도 않습니다. 다른 관찰자가 보면 시간이 다르게 흐르는 것이죠. 우리의 눈에는 블랙홀의 사건의 지평선에 머무는 물체의 시간은 영원히 흐르지 않아 정지해 있는 것처럼 보입니다. 맞습니다. 외부 관찰자의 눈에는 그 물체의 시간은 느리게 흐릅니다. 하지만 그 물체와 함께 있는 관찰자의 시간은 전혀 느려지지 않아요. 20세기 아인슈타인의 상대성 이론이 우리에게 알려준 사실이 바로, 관찰자의 운동 상태에 따라서 얼마든지 다른 시간을 경험할 수 있다는 것이랍니다.

과학을 보다 2
BODA

초판 1쇄 발행 2024년 06월 21일
초판 4쇄 발행 2024년 12월 20일

지은이 | 김범준, 김응빈, 우주먼지(지웅배) 그리고 정영진
그린이 | 김지원
기획 | 어썸엔터테인먼트(정재훈, 김재석, 모양태, 강한범, 정윤수, 홍진수, 최은정)

펴낸이 | 정광성
펴낸곳 | 알파미디어
편집 | 남은영, 이현진
홍보·마케팅 | 이인택
디자인 | 황하나

출판등록 | 제2018-000063호
주소 | 05387 서울시 강동구 천호옛12길 18, 한빛빌딩 2층(성내동)
전화 | 02 487 2041
팩스 | 02 488 2040
ISBN | 979-11-91122-63-3 (03400)